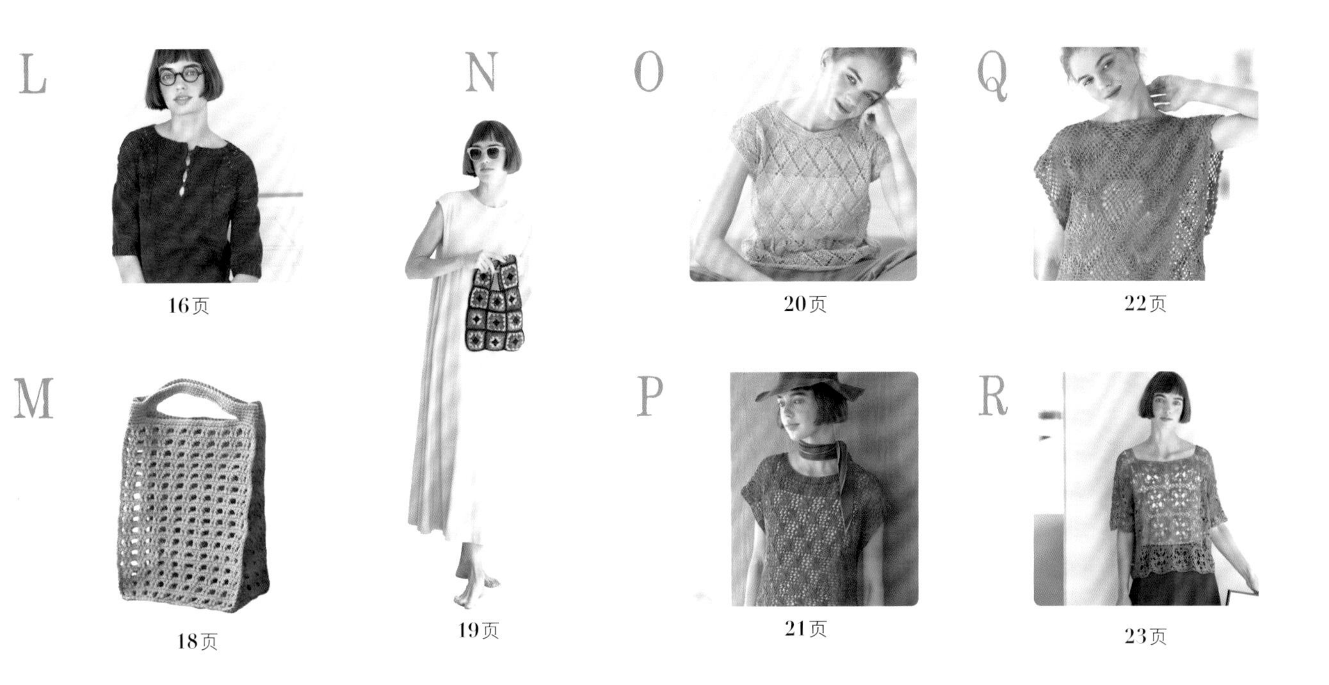
L
16页
N
19页
O
20页
Q
22页
M
18页
P
21页
R
23页

S
25页
T
26页
U
27页
V
28页
W
29页
X
31页

A

这是一款用混色段染线编织的法式袖套头衫。
富有韵味的线材只需简单地做下针编织，就能完成1件精美的作品。

使用线：Palpito
编织方法：34页

B

前、 后身片编织相同的形状，再加上下摆的边缘就完成了。穿上手感轻柔爽滑的蕾丝背心，尽享夏日风情吧。

使用线：SympaDouce
编织方法：36页

C

鲜亮的颜色格外抢眼。与春夏季节完美契合的材质、轻柔的手感是这款托特包的魅力所在。
编织花样宛如一排排的小爱心，光是拿在手里就感觉心情愉悦。

使用线：Leafy、Nuvola
编织方法：38页

D

这是一款清凉感十足的开衫，衣袖的网眼花样是一大亮点。深V领口的背部设计散发着成熟女性的魅力。也可以尝试叠穿。

使用线：Saint-Gilles
编织方法：49页

E

纵向延伸的镂空花样和交叉花样组成了这款优雅精致的套头衫。
边缘的扇形花样增添了柔美的气息。

使用线：Linen 100
编织方法：40页

F

这款可爱的开衫使用了倍受喜爱的树叶花样，烟粉色洋溢着春日气息。
无论外出还是居家穿着，都非常实用。

使用线：Arabis
编织方法：44页

G

套头衫的袖口也编织了镂空花样，宛如加了荷叶边的法式袖可爱极了。
早春时节也可以享受叠穿的乐趣。

使用线：SympaDouce
编织方法：57页

H

前、后身片与前门襟连起来编织，无论从哪个角度看都是非常漂亮的渐变色效果。
后身片的编织终点交叉2针接合，可以有效防止拉伸变形。

使用线：Palpito
编织方法：60页

I、J

小花花样的手拎包使用了2种线，提手也与主体连续编织。
手机挂包也可以用手拎包剩下的线制作，不妨编织试试吧。

I 手机挂包　使用线：Leafy
编织方法：56页

J 手拎包　使用线：Palpito、Leafy
编织方法：62页

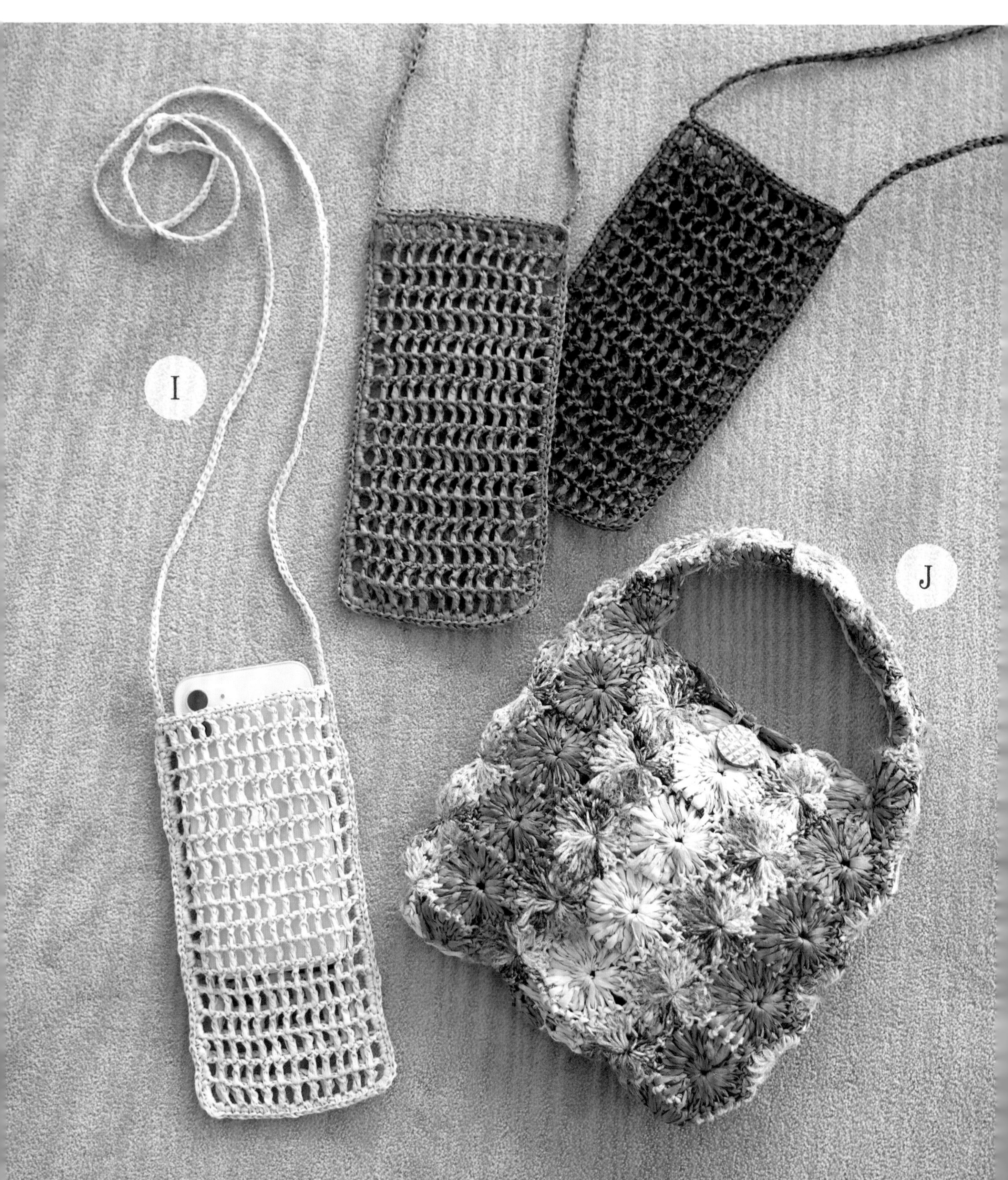

K

这是用不同的线编织的手机挂包，与14页作品I的图解相同。
用3种基础针法就可以编织完成，非常简单。

使用线：SympaDouce
编织方法：56页

L

这款套头衫是从领窝向下摆方向编织，在育克的肩部设计了镂空花样。
用锁针在领口钩织纽襻，再缝上小巧的圆形纽扣。

使用线：Pima Denim
编织方法：79页

M

这是用Nuvola线编织的竖款手提包，适合外出时随身携带。
因为这款线的稳定性很好，此包也可以用于小物收纳。

使用线：Nuvola　编织方法：64页

a

b

N

3种配色方案打造出了富有层次变化的拼花手提包。
搭配自己喜欢的颜色，也尝试一下原创设计吧。

使用线：Cotton Kona
编织方法：66页

O

这是一款清爽的套头衫，夏日阳光下熠熠生辉的金银丝线为其增添了一抹华丽的色彩。
斜向交叉的镂空针法构成了菱形花样。

使用线：Silk Spin Lame
编织方法：68页

P

这是一款落肩袖套头衫，交叉花样和镂空花样组成了新的棋盘格花样。
无论穿裤子还是穿裙子，都好看又百搭。

使用线：Cotton Kona
编织方法：70页

Q

这款蕾丝套头衫的前、后身片分别由9片大型花片拼接而成。
在清凉的网眼针基础上，花片由中心向外呈放射状延伸的线条十分醒目，给人一种华丽大气的感觉。

使用线：Arabis
编织方法：72页

R

从前、后身片的下摆往肩部连续钩织并连接正方形花片，最后钩织衣袖部分。
用优质亚麻线钩织的作品手感轻柔爽滑，非常舒适。

使用线：Linen 100
编织方法：76页

S

正方形包底完成后，接着按变化的网眼花样编织侧面。
不妨根据现有的服装调整尺寸和颜色，享受改编的乐趣。

使用线：Leafy　编织方法：82页

T

身片与衣袖连起来直编至肩部。
袖口编织边缘后，袖筒微微鼓起，
还可以遮住手臂的赘肉。

使用线：Foch
编织方法：84页

a

U

这是主要用3卷长针钩织的单肩包，尺寸大小恰到好处。用2根线合股编织，很快就能完成。鲜亮色和自然色，您更喜欢哪一个呢？

使用线：SympaDouce

编织方法：88页

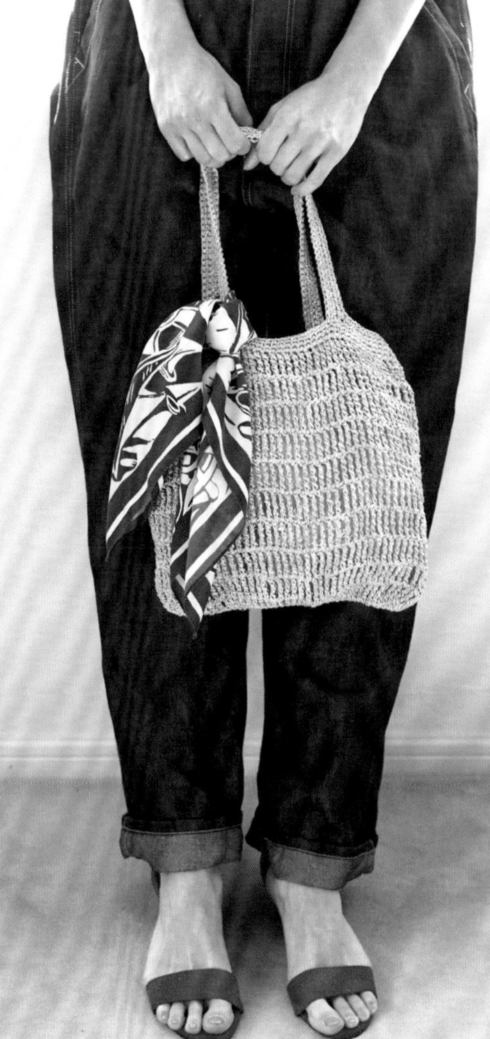

b

V

A形下摆的蕾丝花样是整款设计的亮点所在。

使用线：Ricordo
编织方法：90页

W

大小不同的拼花设计新颖别致。
侧边与包底连续钩织短针，作品呈现规整的箱型结构。

使用线：Nuvola、Leafy　编织方法：92页

X

这是一款法式袖套头衫，休闲随性又不失优雅端庄。
若隐若现的金属光泽十分雅致，最适合成熟风的穿搭了。

使用线：Astro
编织方法：94页

本书用线一览

图片为实物粗细

线名	成分	粗细	色数	规格	线长	用针号数	标准下针编织密度	特征
1 Palpito	棉 55% 人造丝 25% 涤纶 20%	中粗	6	50g/团	118m	7~9 号	20~21 针 27~28 行	在棉线中加入色泽动人的人造丝和涤纶混纺而成的花式线。简单的编织花样也别有一番韵味
2 SympaDouce	植物纤维（大麻）50% 腈纶 50%	粗	8	40g/团	105m	4~6 号	22~23 针 29~30 行	这款杂色花线兼具天然素材的朴实和清爽明快的色调。棒针和钩针均可编织，从毛衫到配饰小物，是应用非常广泛的粗线
3 Leafy	和纸 100%	粗	12	40g/团	170m	11~13 号	14~15 针 19~20 行	这是一款粗和纸线。韧性十足，分为渐变色的晕染线和纯色线。成品轻柔，最适合编织包包和帽子等作品
4 Linen 100	亚麻 100%	粗	10	40g/团	148m	4~6 号	24~25 针 31~32 行	最适合夏日编织的 100% 亚麻线，手感清爽舒适。全 10 色，既有自然的颜色，也有清新的亮色。棒针和钩针均可编织
5 Pima Denim	棉 100%	粗	6	40g/团	135m	3~5 号	22~23 针 30~31 行	100% 纯棉线经过特殊染色加工后呈现出牛仔布的色调。这是一款可以突显编织花样的粗线，从毛衫到小物，应用非常广泛
6 Silk Spin Lame	亚麻 53% 真丝 40% 涤纶 7%	细	5	25g/团	125m	3~5 号	21~22 针 32~33 行	将高级家蚕丝和夏季经典亚麻线纺成绳状，再与纤细的金银丝线捻合而成的高级线材。源于线材表面的反射和素材本身的光泽彰显了优雅的质感，这也是此款线的一大特点
7 Nuvola	涤纶 100%	中粗	12	50g/团	111m	11~13 号	16~17 针 22~23 行	富有弹性、轻柔松软的质感像极了夏日天空中漂浮的云朵。打湿后很容易晾干，颜色种类也很丰富
8 Arabis	棉 100%	中细	20	40g/团	165m	4~6 号	26~27 针 32~33 行	将细棉纱编织成空心线，再加工成扁平的带子线。颜色优美、富有光泽、手感爽滑是这款中细线的特点
9 Saint-Gilles	棉 61% 亚麻 39%	细	12	25g/团	130m	1~2 号	31~32 针 40~41 行	由棉和亚麻捻合制成，再经过丝光处理的细线。用钩针也可以编织出清爽、细腻的感觉
10 Cotton Kona	棉 100%	粗	25	40g/团	110m	4~6 号	25~26 针 32~33 行	为了方便编织，将印度棉强捻加工而成的线。经过丝光处理增加了韧性和光泽。无论是毛衫还是小物，这种粗细的线都很容易编织
11 Foch	棉 40% 人造丝 40% 亚麻 20%	粗	9	40g/团	120m	4~6 号	23~24 针 31~32 行	棉线的柔软，人造丝的光泽，亚麻的张力，这款优质线材融合了 3 种材质的优点。是一款很好编织的粗线，长时间编织也不会觉得累
12 Astro	棉 59% 锦纶 20% 腈纶 19% 涤纶 2%	中细	6	25g/团	96m	3~5 号	25~26 针 30~31 行	这款线的特点是若隐若现的金属光泽，仿佛夜空中闪烁的星星。棒针和钩针均可编织，编织手感很好，作品也很漂亮
13 Ricordo	人造丝 39% 棉 26% 腈纶 23% 苎麻 6% 亚麻 6%	粗	6	40g/团	125m	4~6 号	23~24 针 31~32 行	这是一款细腻雅致的渐变色花式线，视觉和触觉都让人倍感愉悦。棒针和钩针均可编织，作品轻薄爽滑，最适合编织夏季毛衫

●线的粗细仅作为参考，标准下针编织密度是制造商提供的数据。

作品的编织方法

A | 02页

●**材料**

Palpito(中粗)粉红色系段染(6508)235g/5团

●**工具**

棒针8号

●**成品尺寸**

胸围100cm，衣长54.5cm，连肩袖长29cm

●**编织密度**

10cm×10cm面积内：下针编织20针，26行

●**编织要点**

后身片 手指挂线起针后编织下摆的起伏针，接着编织70行下针，在肋边2针的内侧做扭针加针。袖口的5针做卷针加针，袖窿在5针起伏针和1针下针的内侧即第7针和第8针里减针，按相同要领在第6针和第7针之间做扭针加针。肩部做引返编织，领窝在指定位置编织起伏针。肩部的针目做休针处理，领口的针目做伏针收针。

前身片 起针方法和后身片相同，除领窝以外按照相同方法编织。领窝中心在第1行编织交叉针防止拉伸变形，立起侧边4针减针。

组合 肩部将前、后身片正面相对做盖针接合，肋部做挑针缝合。

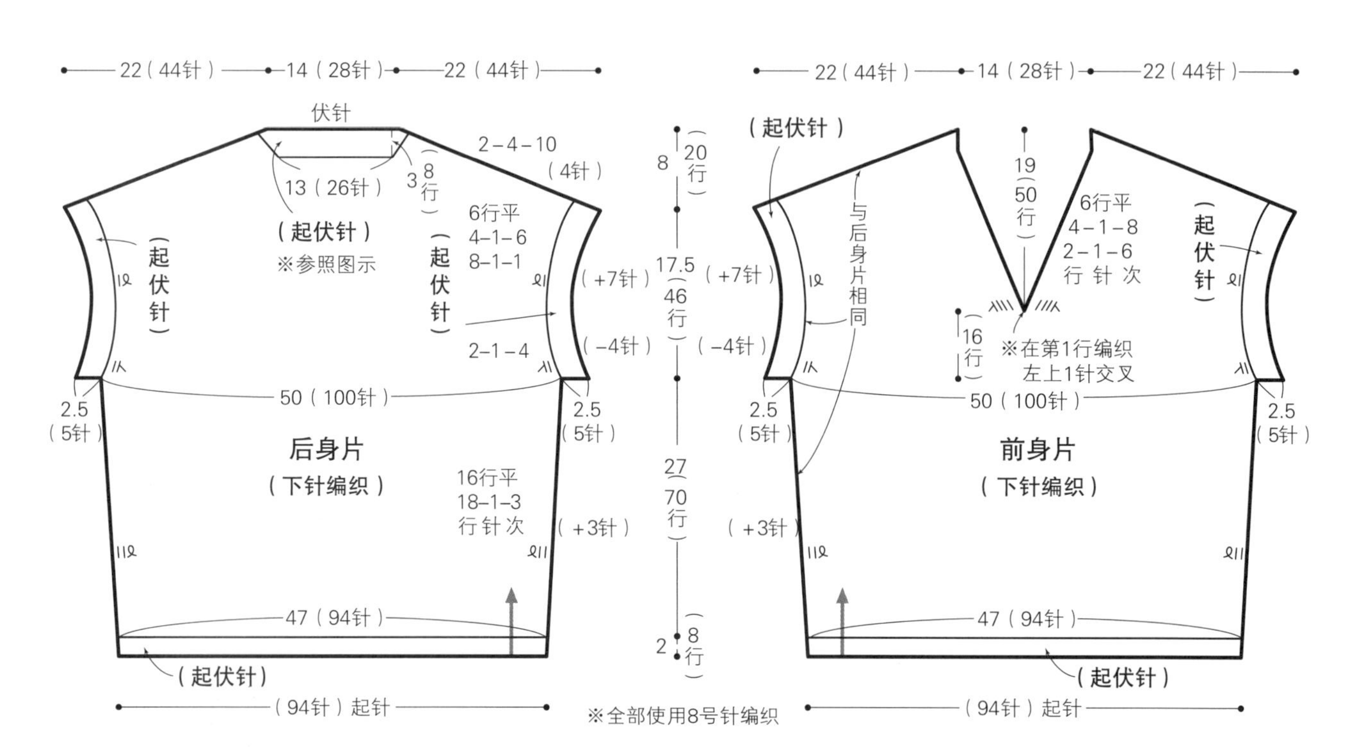

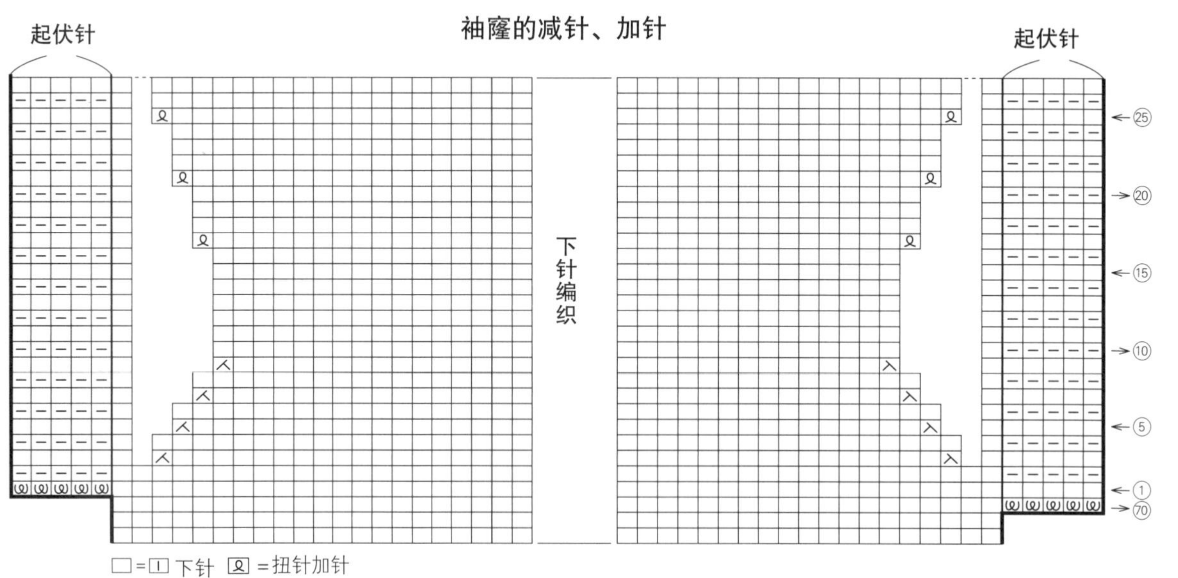

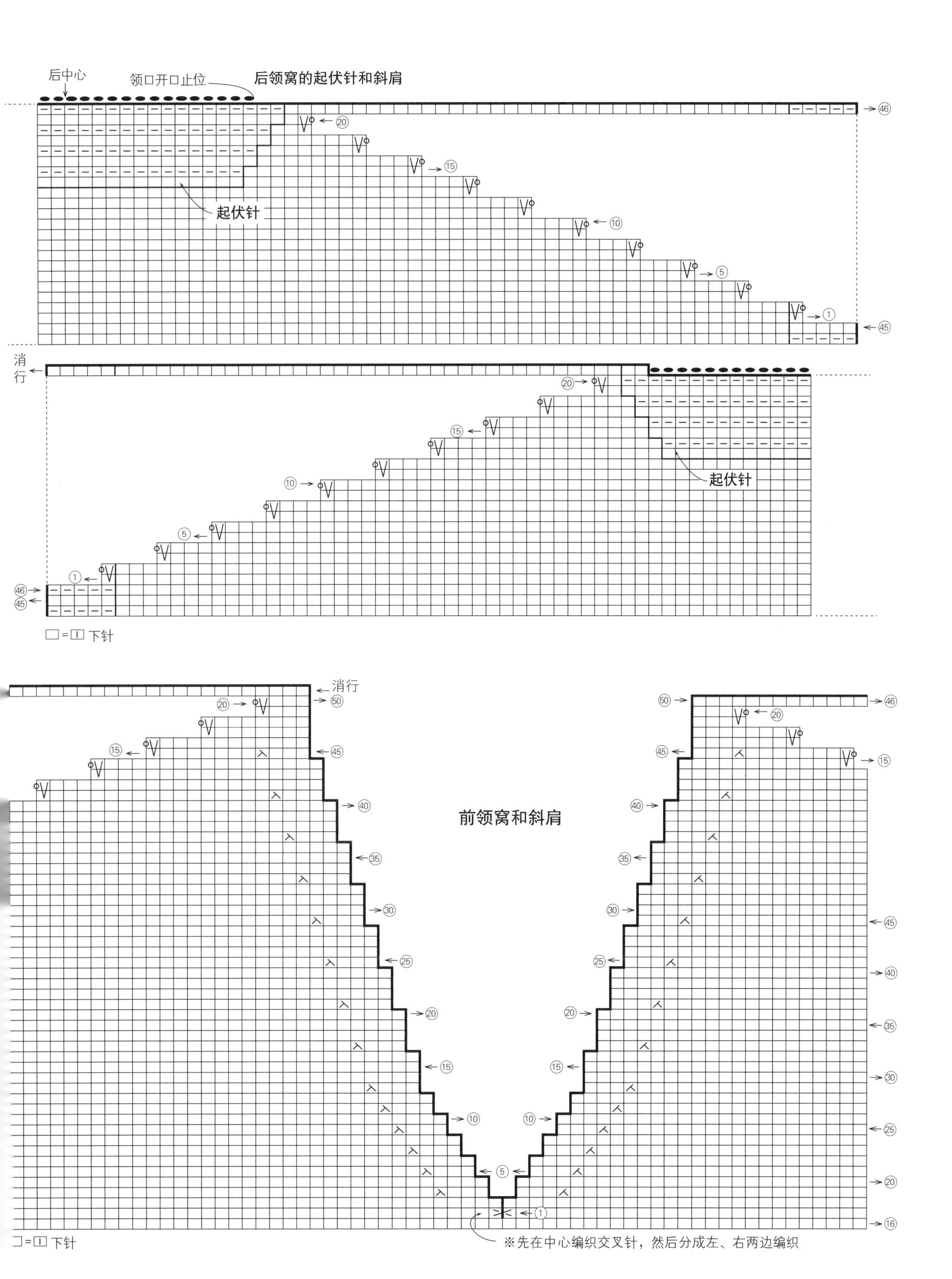

后中心
领口开口止位
后领窝的起伏针和斜肩
起伏针
消行
□=□ 下针
前领窝和斜肩
※先在中心编织交叉针，然后分成左、右两边编织

B ｜ 04页

●**材料**

SympaDouce（粗）芥末黄色（502）110g/3团

●**工具**

钩针 6/0号

●**成品尺寸**

胸围 94cm，衣长 46cm，肩宽 36cm

●**编织密度**

编织花样的1个花样 5.2cm，4行 5.2cm

●**编织要点**

前、后身片　共线锁针起针，第1行在锁针的半针和里山（2根线）挑针，按编织花样一边钩织一边在袖窿和领窝减针。下摆钩织长针。

组合　肩部对齐后做卷针接合。胁部钩织引拔针和锁针缝合。

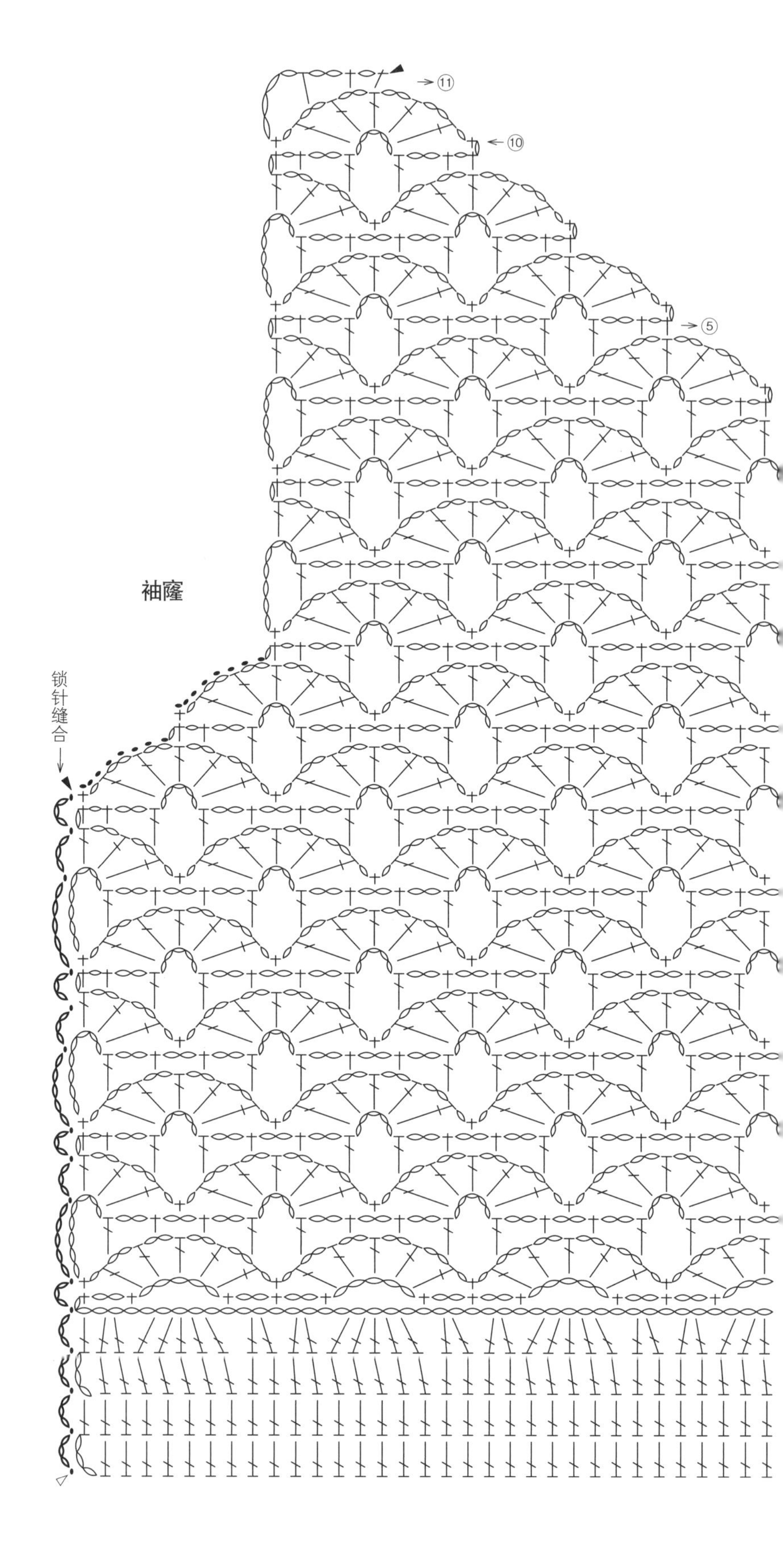

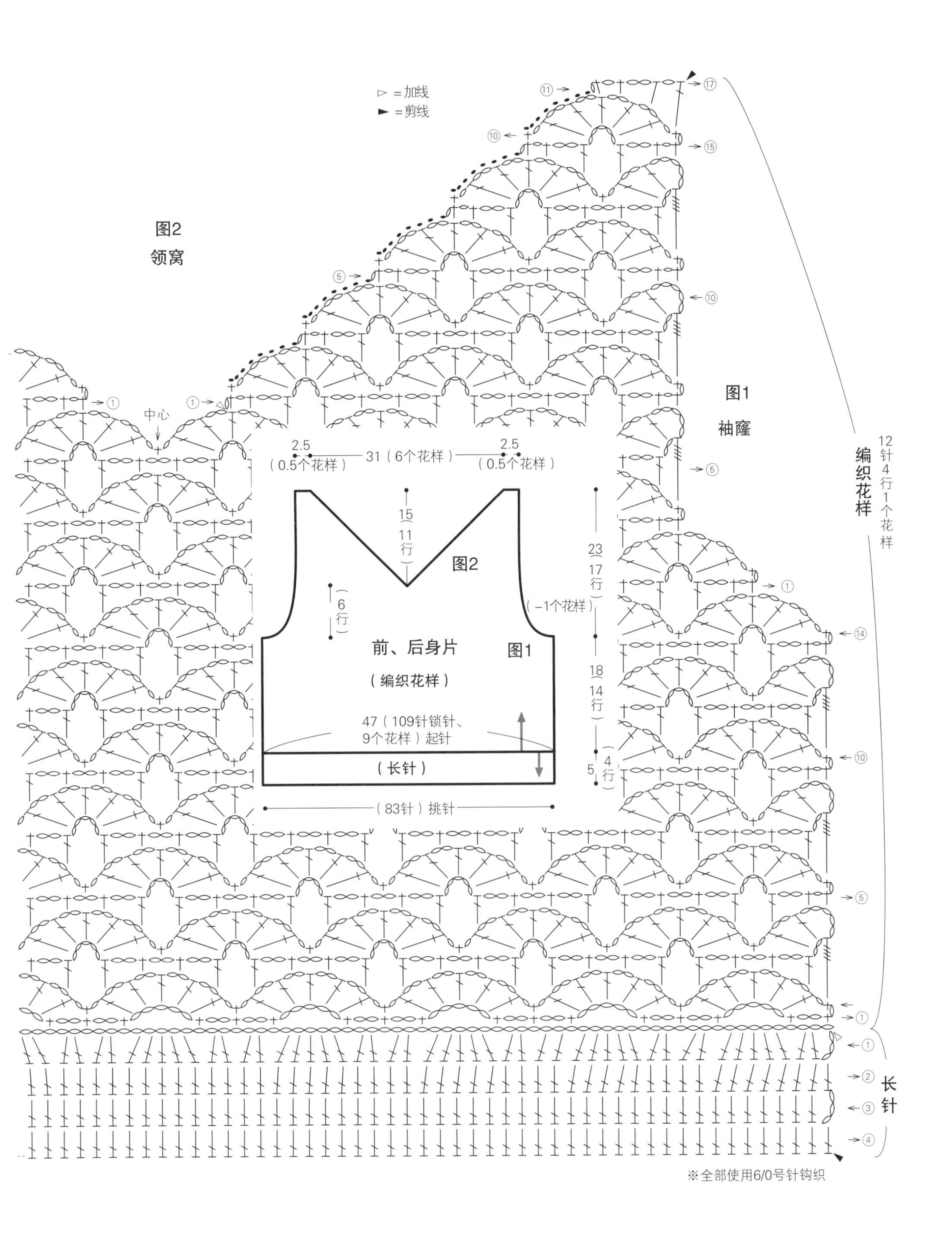
▷ =加线
▶ =剪线
图2
领窝
中心
图1
袖窿
编织花样
12针4行1个花样
长针
2.5
(0.5个花样)
31(6个花样)
2.5
(0.5个花样)
15
11行
图2
(6行)
23
17行
(-1个花样)
前、后身片
图1
(编织花样)
18
14行
47(109针锁针、9个花样)起针
(长针)
5
(4行)
(83针)挑针

※全部使用6/0号针钩织

C | 05页

●**材料**

Leafy（粗）米色（761）135g/4团

Nuvola（中粗）黄色（413）50g/1团

●**工具**

钩针 7/0号

●**成品尺寸**

宽 32cm，深 25cm

●**编织密度**

10cm×10cm面积内：短针（Leafy线）16.5针，16.5行；条纹花样 15针，10.5行

●**编织要点**

全部用2根线合股钩织。包底锁针起针，在起针的两侧挑针，一边加针一边环形钩织。接着钩织侧面。分别用Nuvola线和Leafy线钩织1行短针，按条纹花样钩织23行。换成Nuvola线，包口按编织花样A钩织。提手锁针起针，按编织花样B钩织2条。将提手对折后用卷针缝缝成圆筒形，然后将其缝在侧面。

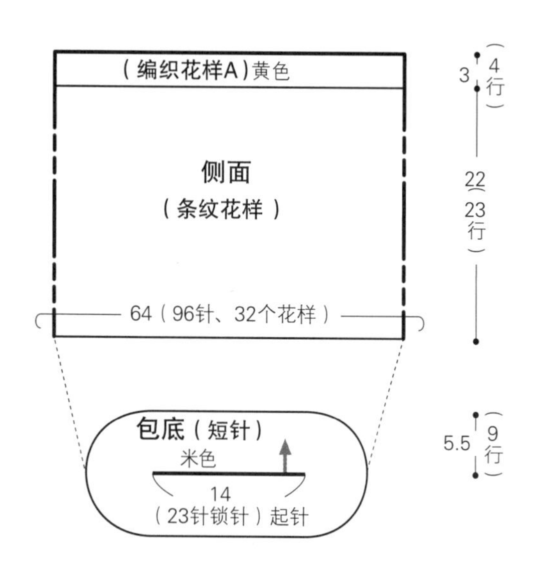

※全部使用2根线、7/0号针钩织

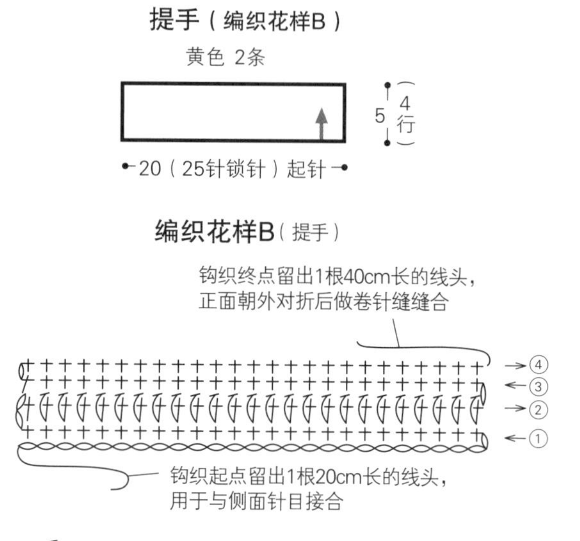

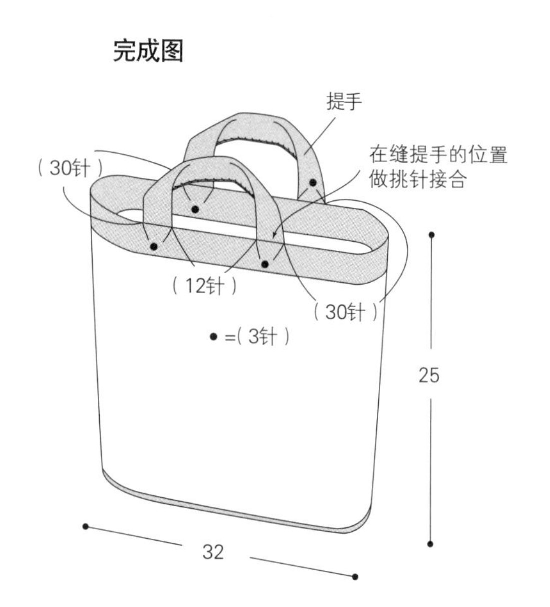

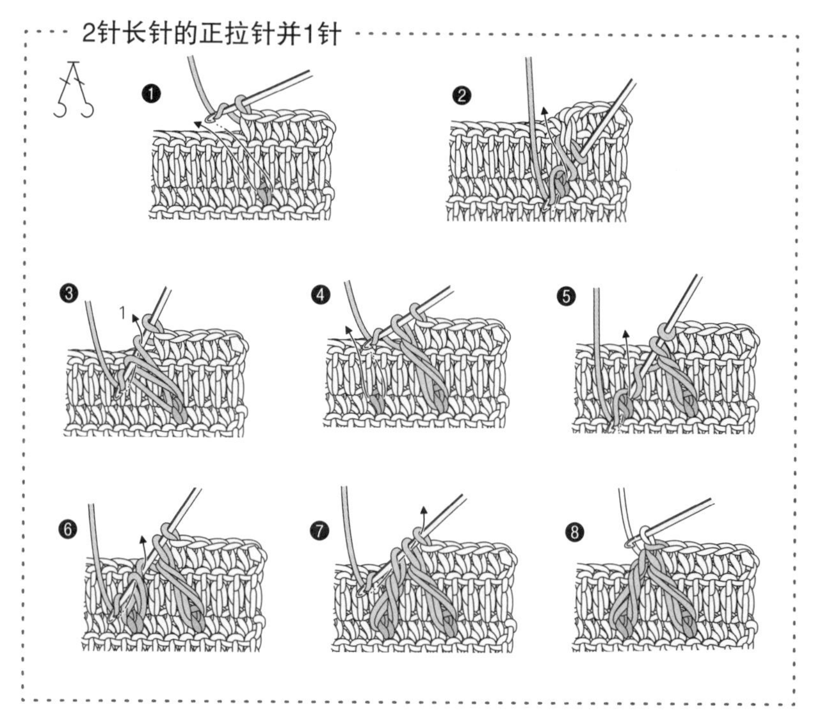

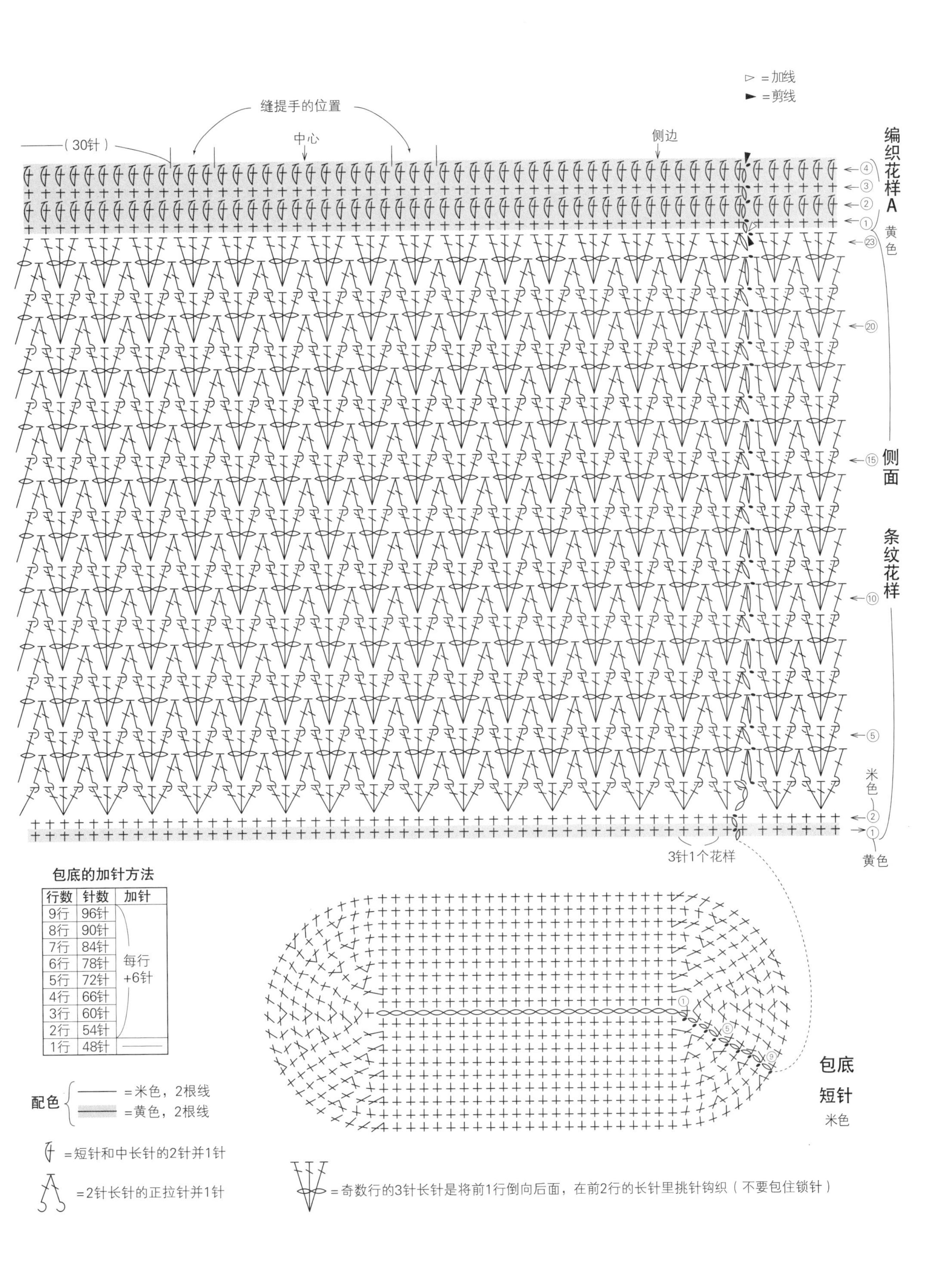

包底的加针方法

行数	针数	加针
9行	96针	每行+6针
8行	90针	
7行	84针	
6行	78针	
5行	72针	
4行	66针	
3行	60针	
2行	54针	
1行	48针	——

E | 09页

●材料

Linen 100(粗)米色(903)190g/5团

●工具

棒针5号、4号，钩针5/0号

●成品尺寸

胸围92cm，肩宽35cm，衣长50cm，袖长32.5cm

●编织密度

10cm×10cm面积内：编织花样25.5针，32行；下针编织26针，32行

●编织要点

后身片 手指挂线起针后，用4号针编织下摆的单罗纹针。接着用5号针做下针编织和编织花样。袖窿、领窝做伏针减针和立起侧边1针的减针。肩部做引返编织，编织终点做休针处理。

前身片 起针方法和后身片相同，按照相同方法编织。前开襟做5针的伏针收针后，参照图示编织。

衣袖 起针方法和身片相同，按照相同方法编织。在袖下加针，最后一行的针目做伏针收针。

组合 肩部将前、后身片正面相对做盖针接合。在领口、前门襟钩织边缘。胁部、袖下做挑针缝合，袖口环形钩织边缘。衣袖与身片之间做引拔接合。

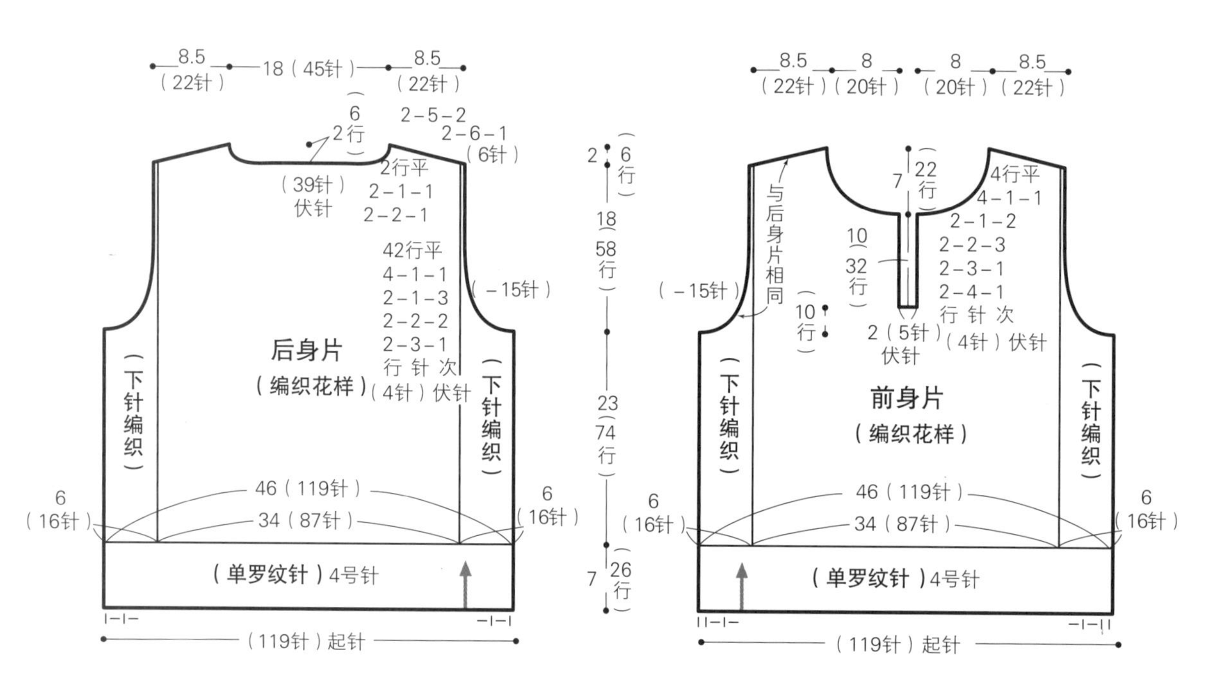

※除指定以外均用5号针编织

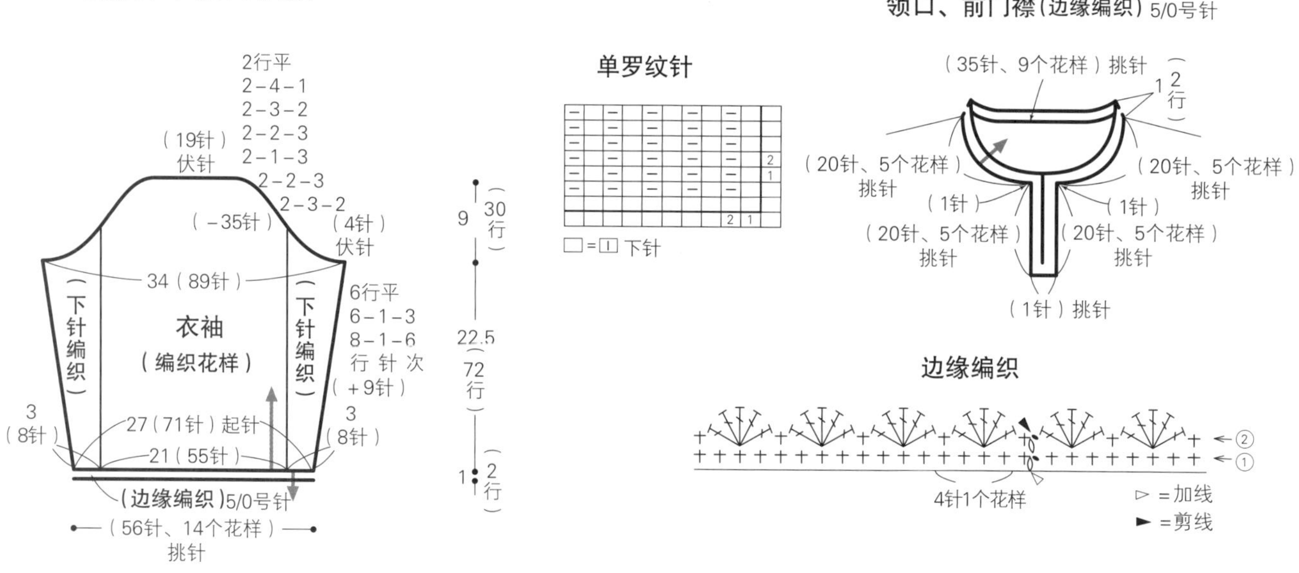

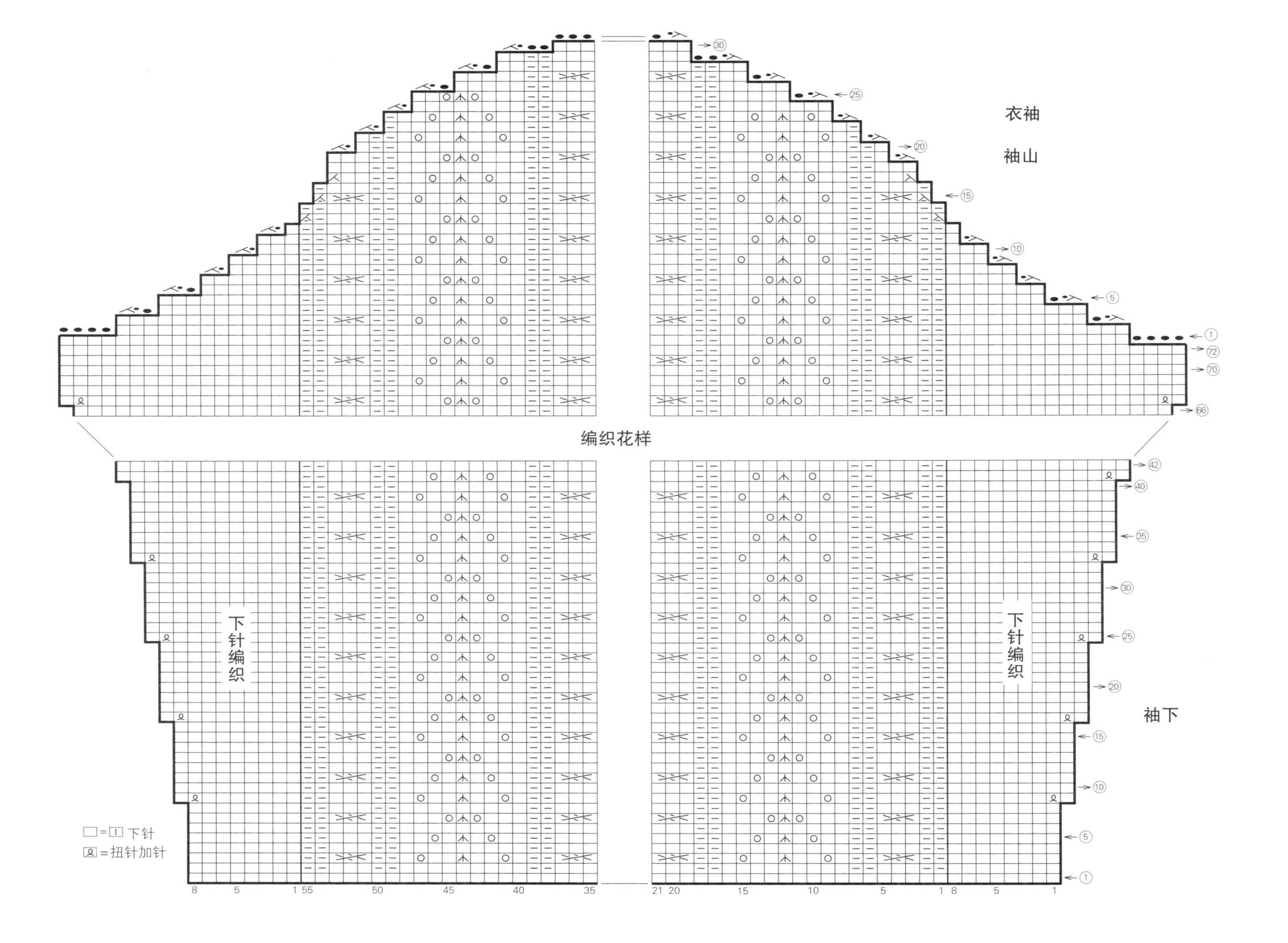

衣袖
袖山
编织花样
下针编织
下针编织
袖下
□=□ 下针
ϱ=扭针加针

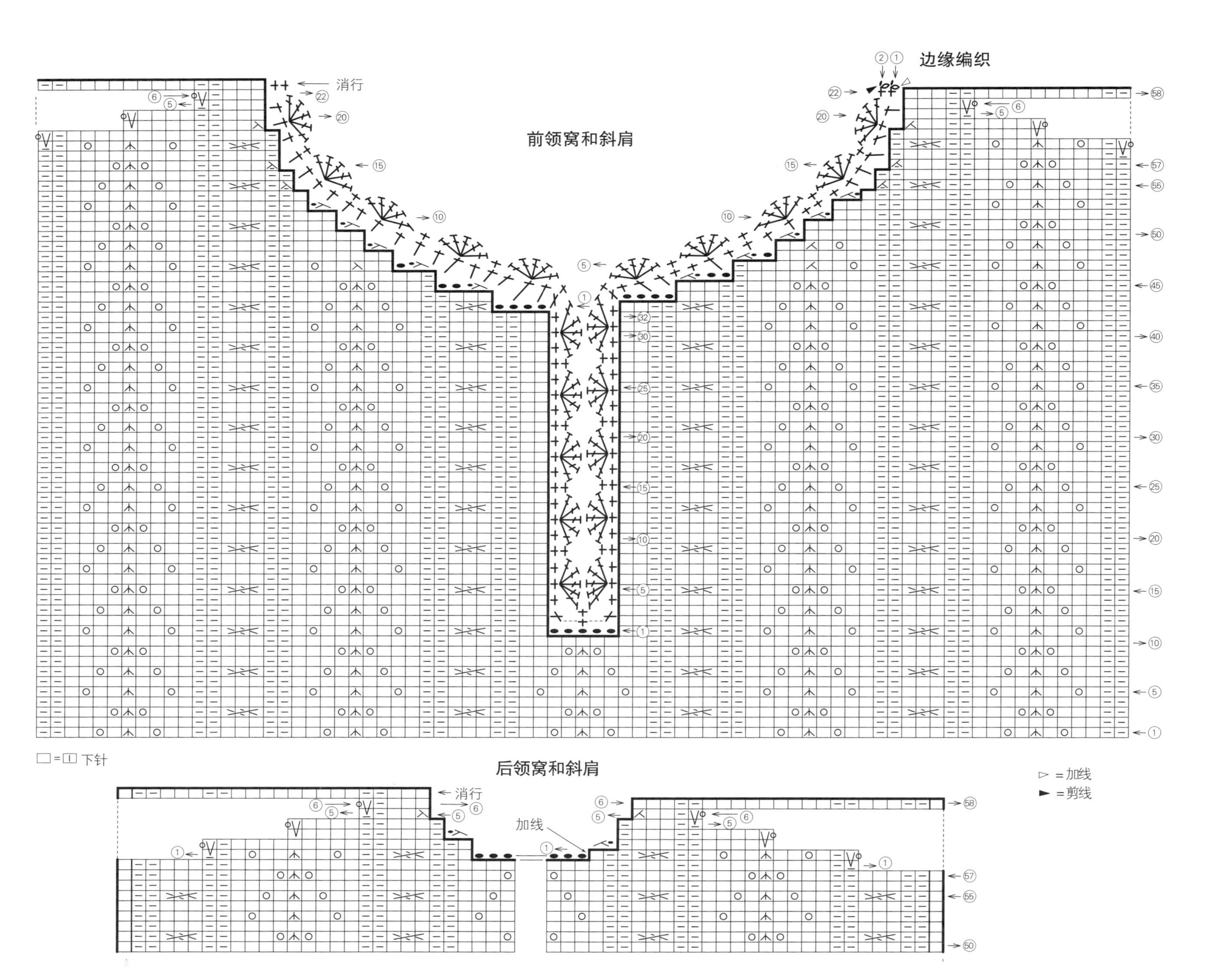

边缘编织
前领窝和斜肩
消行
□=□ 下针
后领窝和斜肩
消行
加线
▷ = 加线
▶ = 剪线

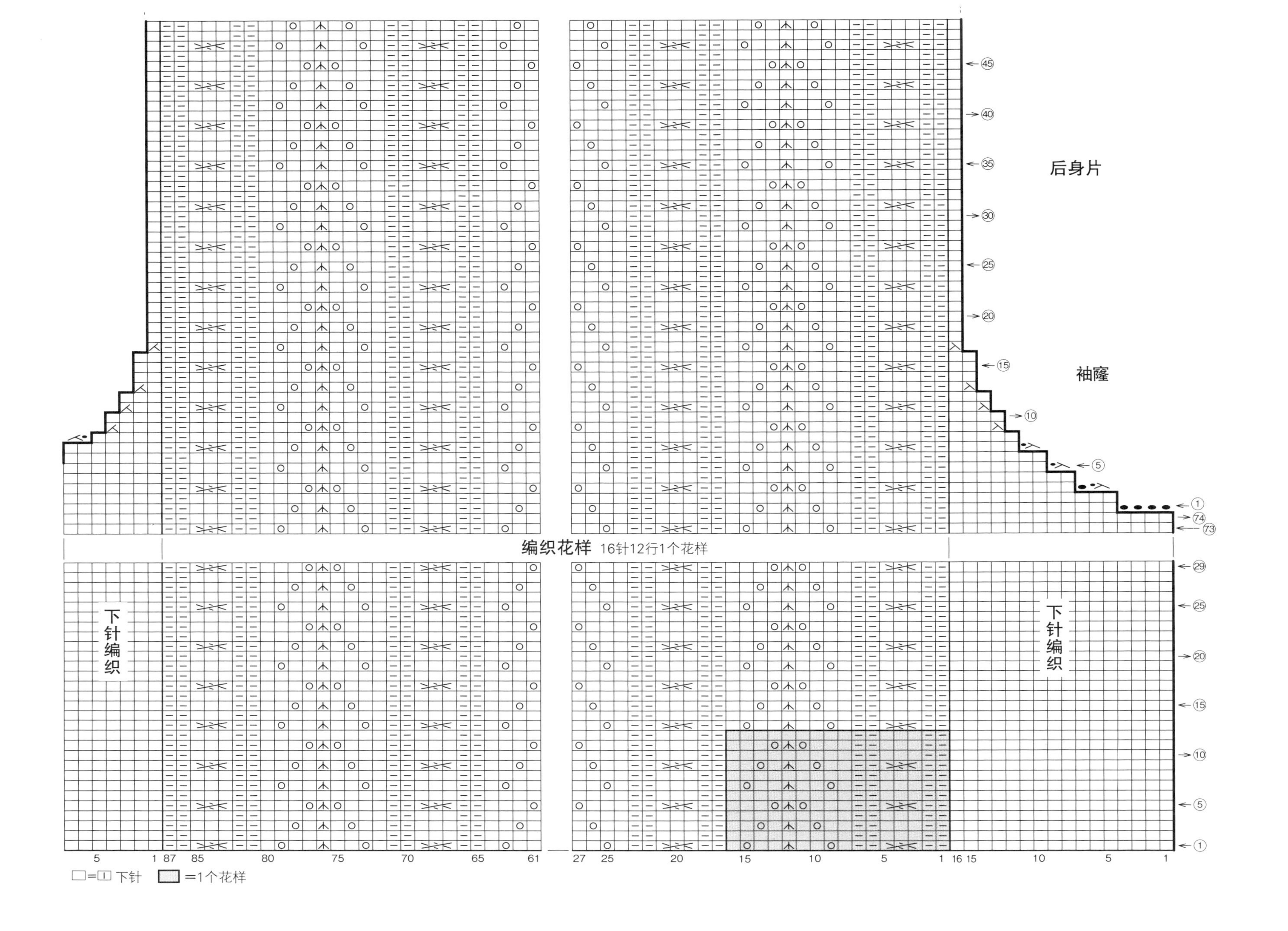
后身片
袖窿
编织花样 16针12行1个花样
下针编织
下针编织
□=□ 下针
▢=1个花样

F

10页

●材料

Arabis(中细)烟粉色(1643)260g/7团

直径1.5cm的纽扣7颗

●工具

棒针5号

●成品尺寸

胸围99cm，肩宽35cm，衣长52cm，袖长35cm

●编织密度

10cm×10cm面积内：编织花样24.5针，36行

●编织要点

后身片 手指挂线起针后编织下摆的双罗纹针，接着按编织花样编织。在第1行减1针，袖窿、领窝做伏针减针和立起侧边1针的减针，肩部的针目做休针处理。

前身片 起针方法和后身片相同，按照相同方法编织，注意前门襟的起伏针连在一起编织。在右前门襟留出扣眼，前门襟的编织终点做休针处理。

衣袖 起针方法和身片相同，按照相同方法编织。袖下一边加针一边编织。最后一行的针目做伏针收针。

组合 肩部将前、后身片正面相对做盖针接合。领口挑针后编织起伏针，在右前领留出扣眼，编织终点做伏针收针。胁部、袖下做挑针缝合。衣袖与身片之间做引拔接合。在左前门襟和左前领缝上纽扣。

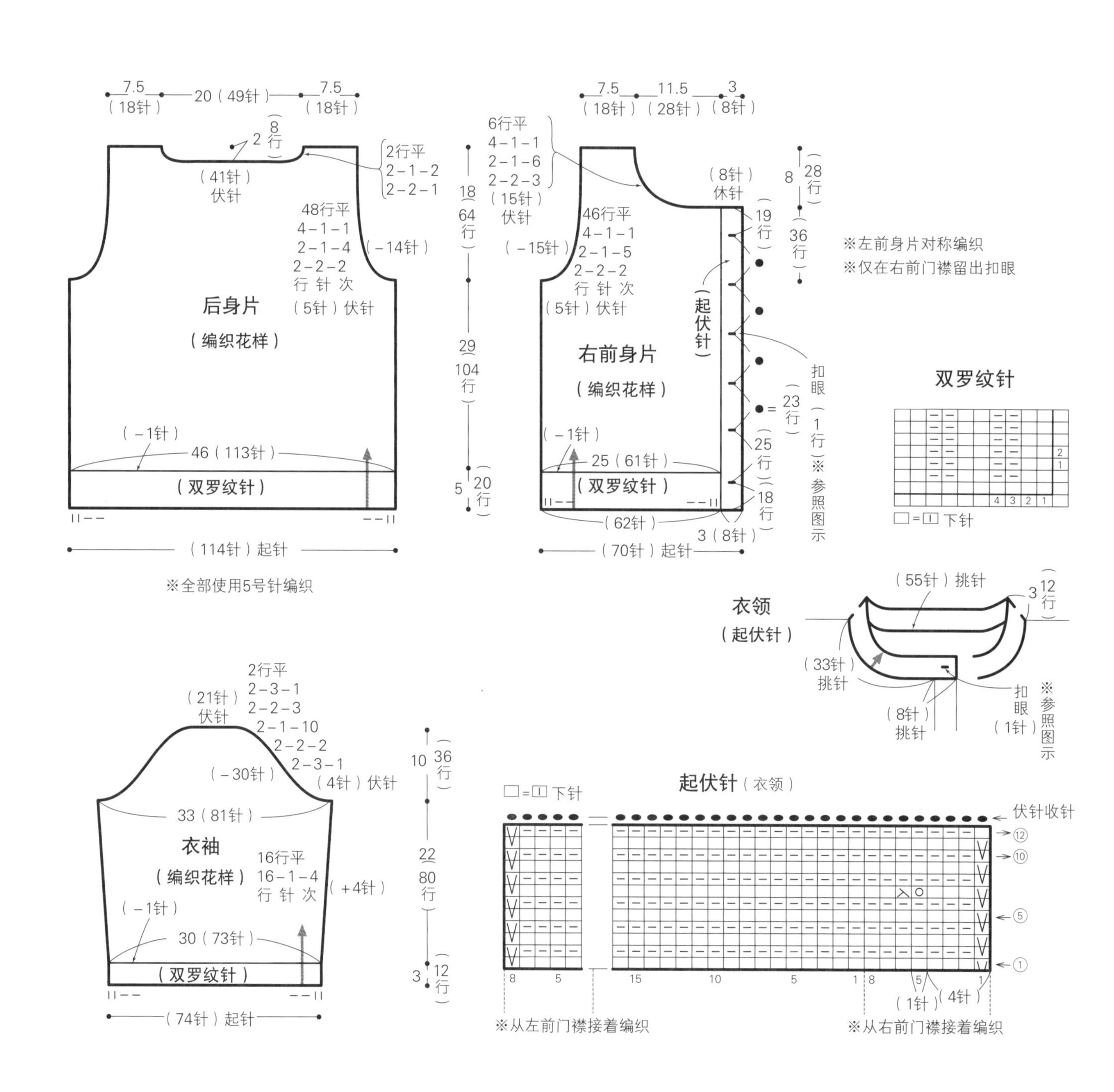

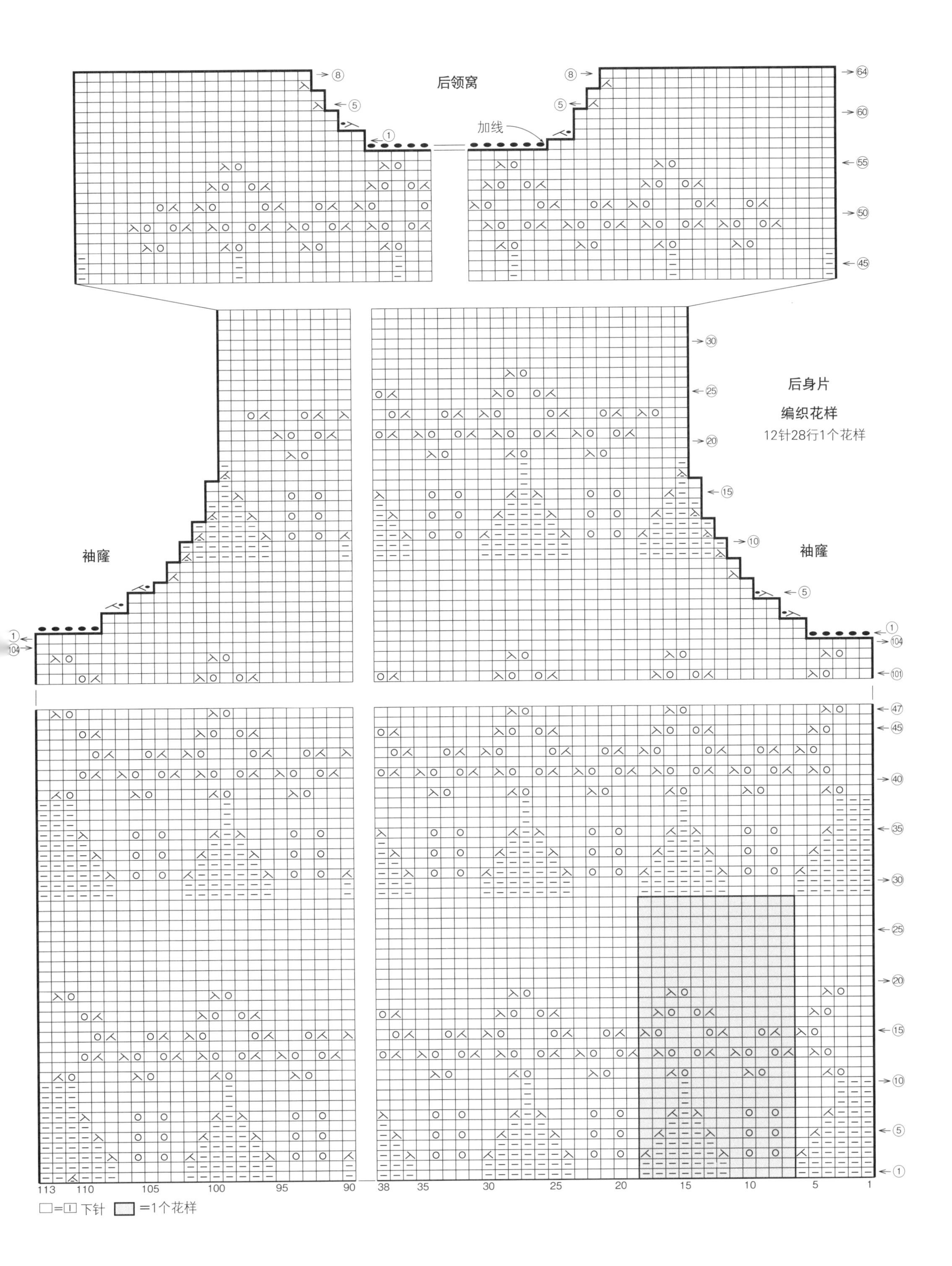
后领窝
加线
后身片
编织花样
12针28行1个花样
袖窿
袖窿
□=⊡ 下针
▭=1个花样

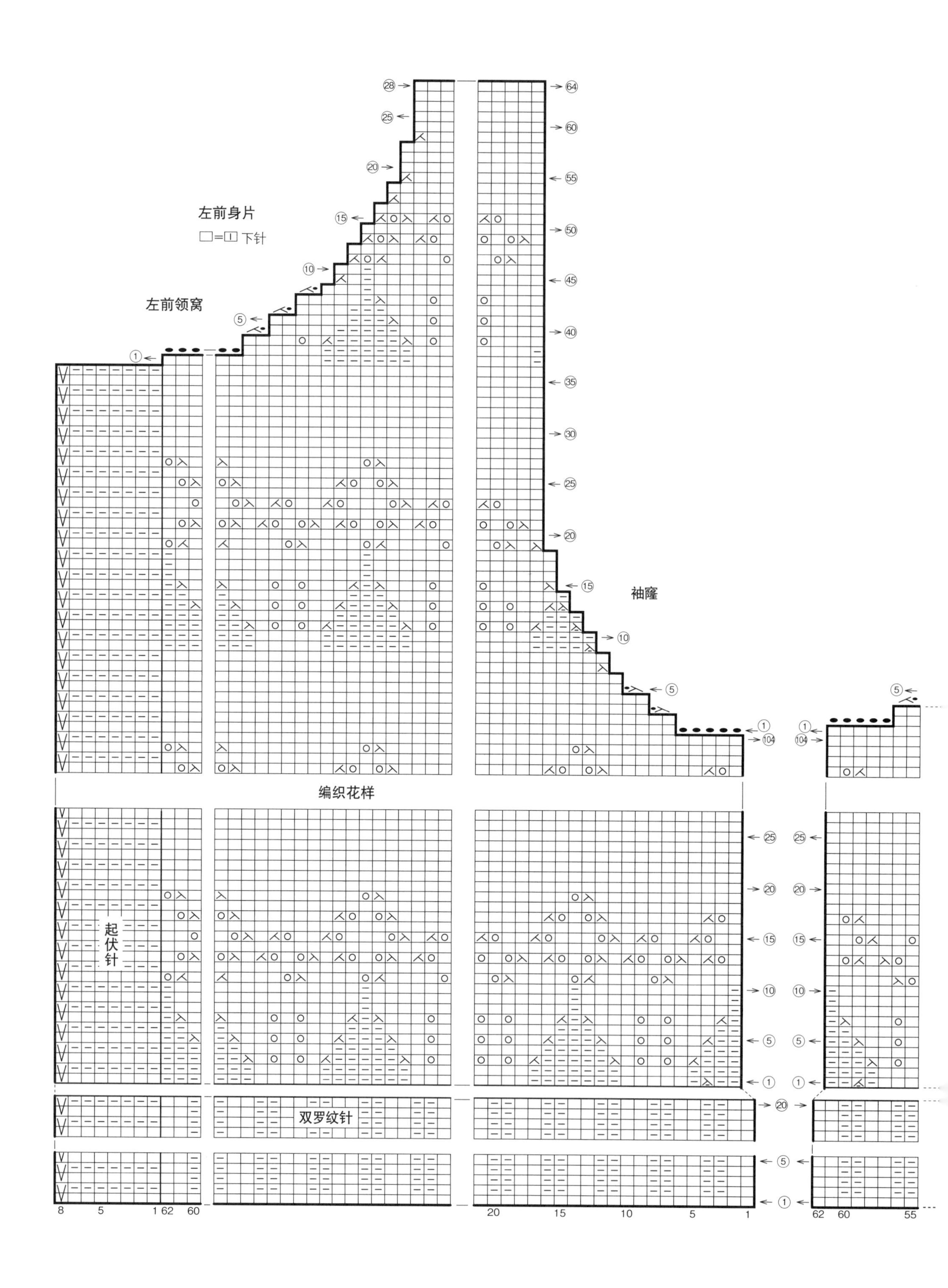
左前身片
□=□ 下针
左前领窝
袖窿
编织花样
起伏针
双罗纹针

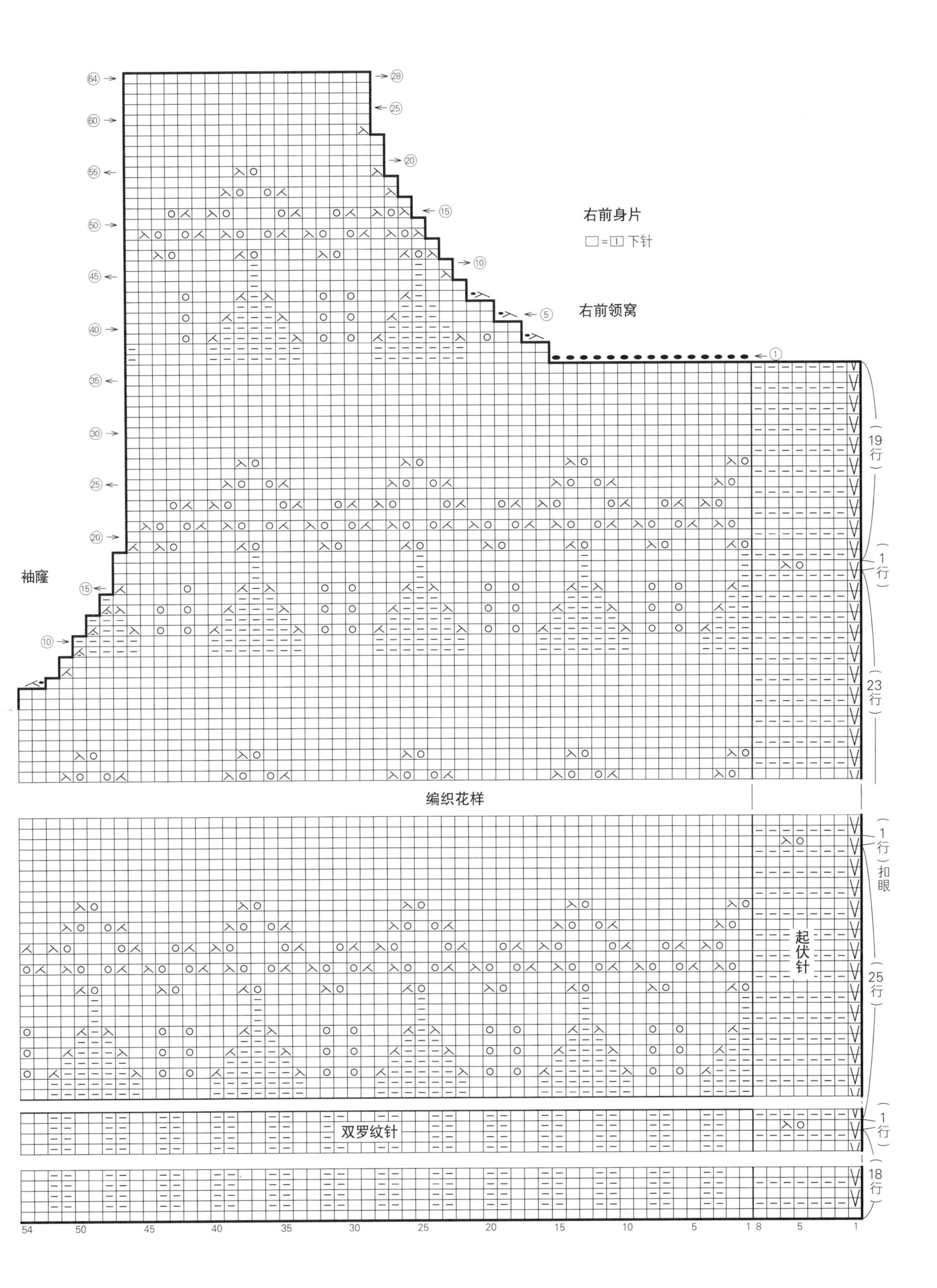

右前身片
□=□ 下针
右前领窝
袖窿
编织花样
双罗纹针
起伏针
19行
1行
23行
1行
扣眼
25行
1行
18行

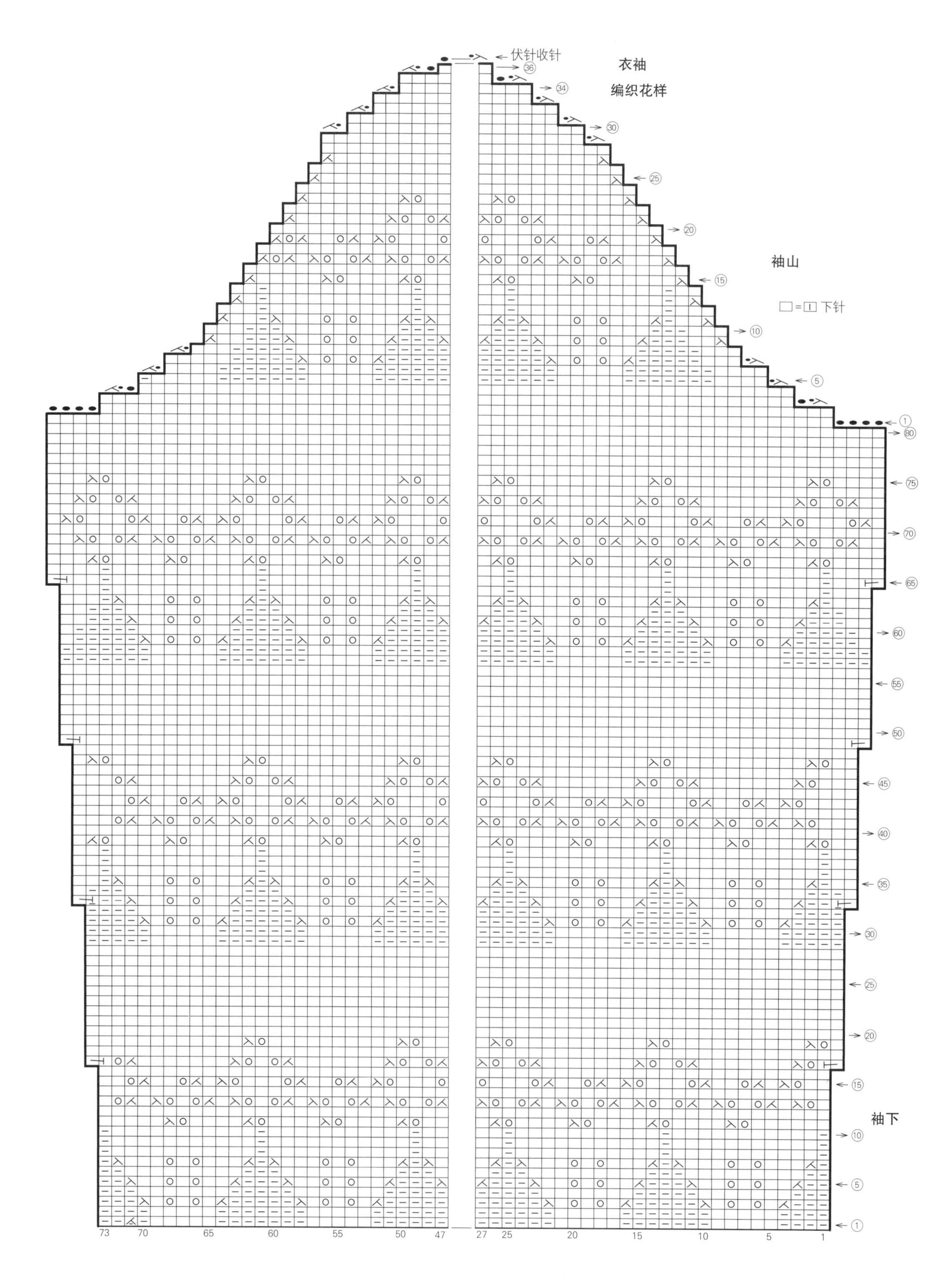
伏针收针
衣袖
编织花样
袖山
□=⊡ 下针
袖下
36
34
30
25
20
15
10
5
1
80
75
70
65
60
55
50
45
40
35
30
25
20
15
10
5
1
73
70
65
60
55
50
47
27
25
20
15
10
5
1

D | 06页

●材料

Saint-Gilles(细)苔绿色(128)200g/8团

直径1cm的纽扣6颗

●工具

钩针4/0号

●成品尺寸

胸围98cm，衣长52cm

●编织密度

10cm×10cm面积内：编织花样A 5.3个花样，17.5行

●编织要点

右前、右后身片 在前门襟共线锁针67针起针，第1行在锁针的半针和里山挑针，按编织花样A钩织3行。接着钩234针锁针起针，按前门襟第1行的相同方法挑针，从第4行开始，前、后身片连起来按编织花样A、B钩织。

左前、左后身片 起针方法和右前、右后身片相同，按照相同方法对称钩织。

组合 胁部，左、右后身片开口止位以下部分钩织“1针短针、2针锁针”接合。前门襟和领口分别按边缘编织A、B钩织。下摆按边缘编织C钩织。在左前门襟缝上纽扣。

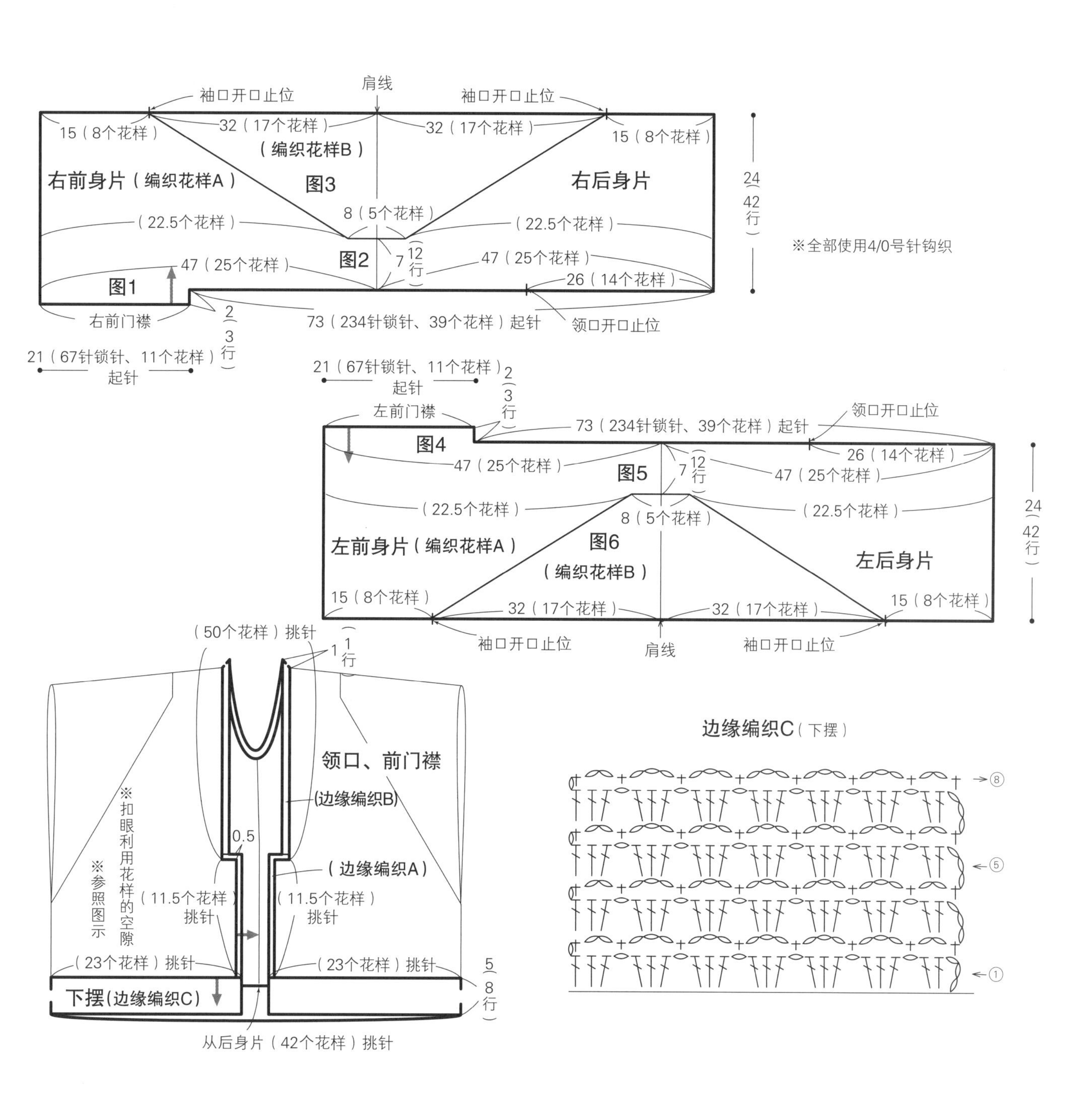

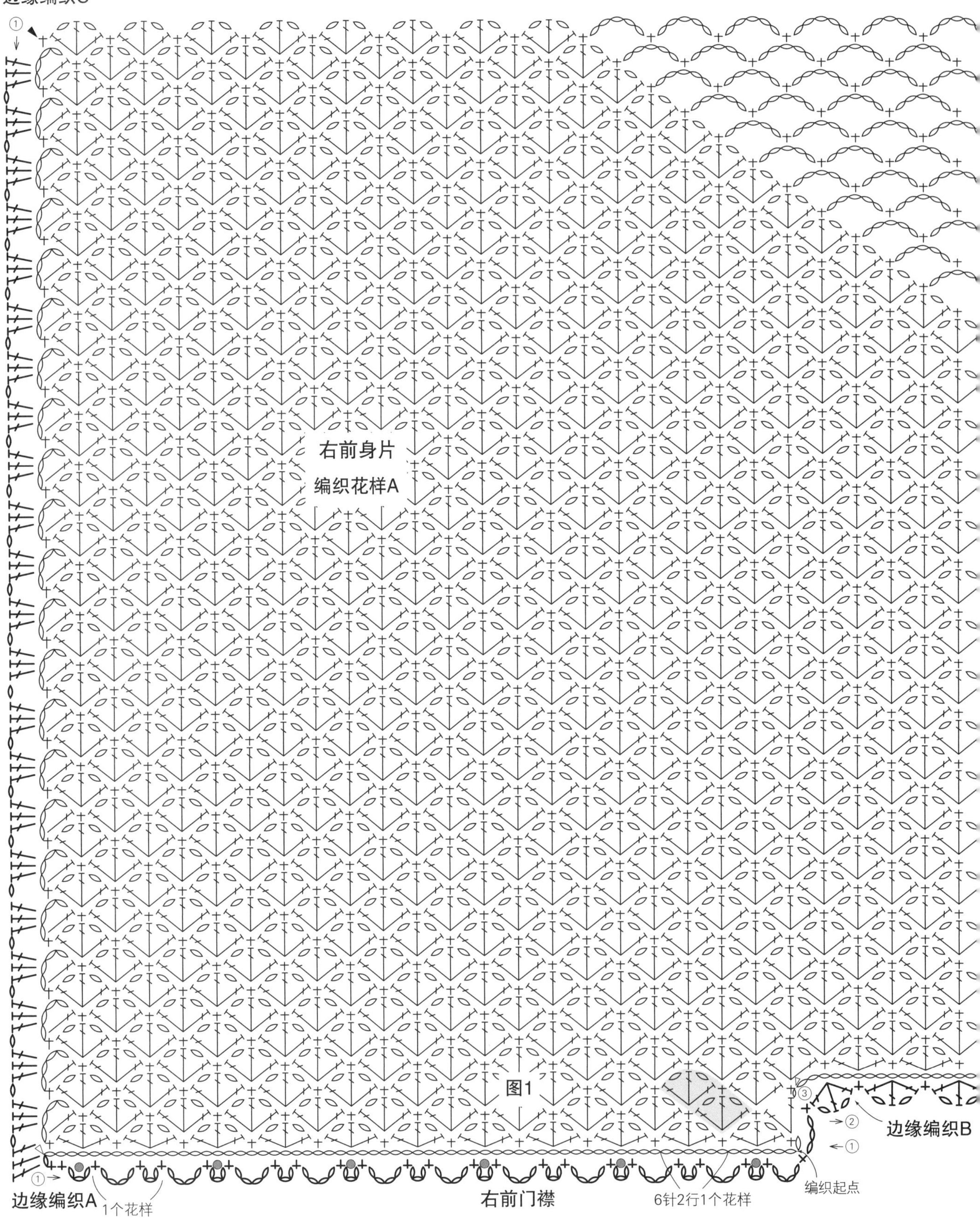
下摆
边缘编织C
①
右前身片
编织花样A
图1
③
②
①
边缘编织B
①
边缘编织A
1个花样
右前门襟
6针2行1个花样
编织起点

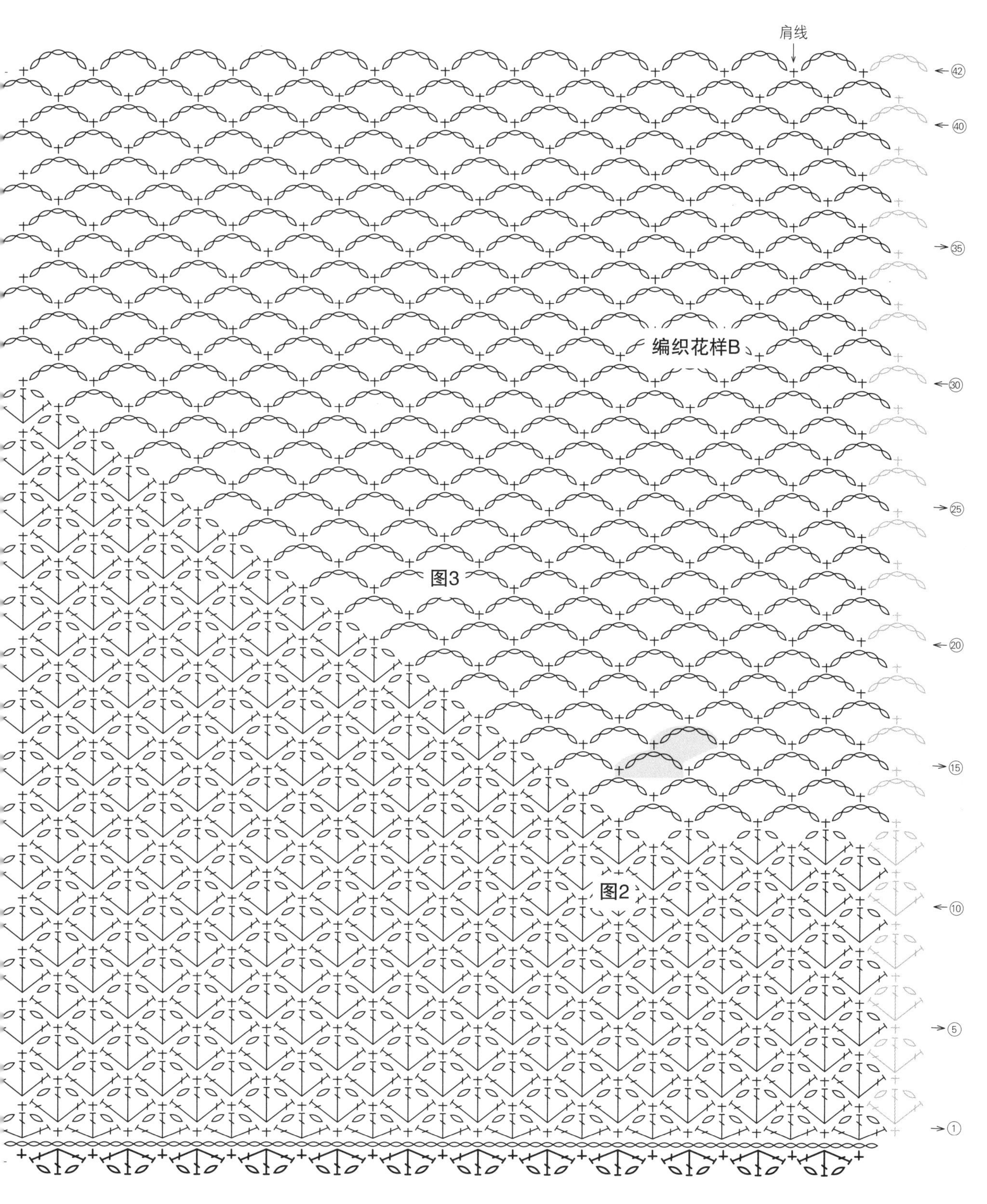

● =用作扣眼
▷ =加线
► =剪线
▭ =1个花样

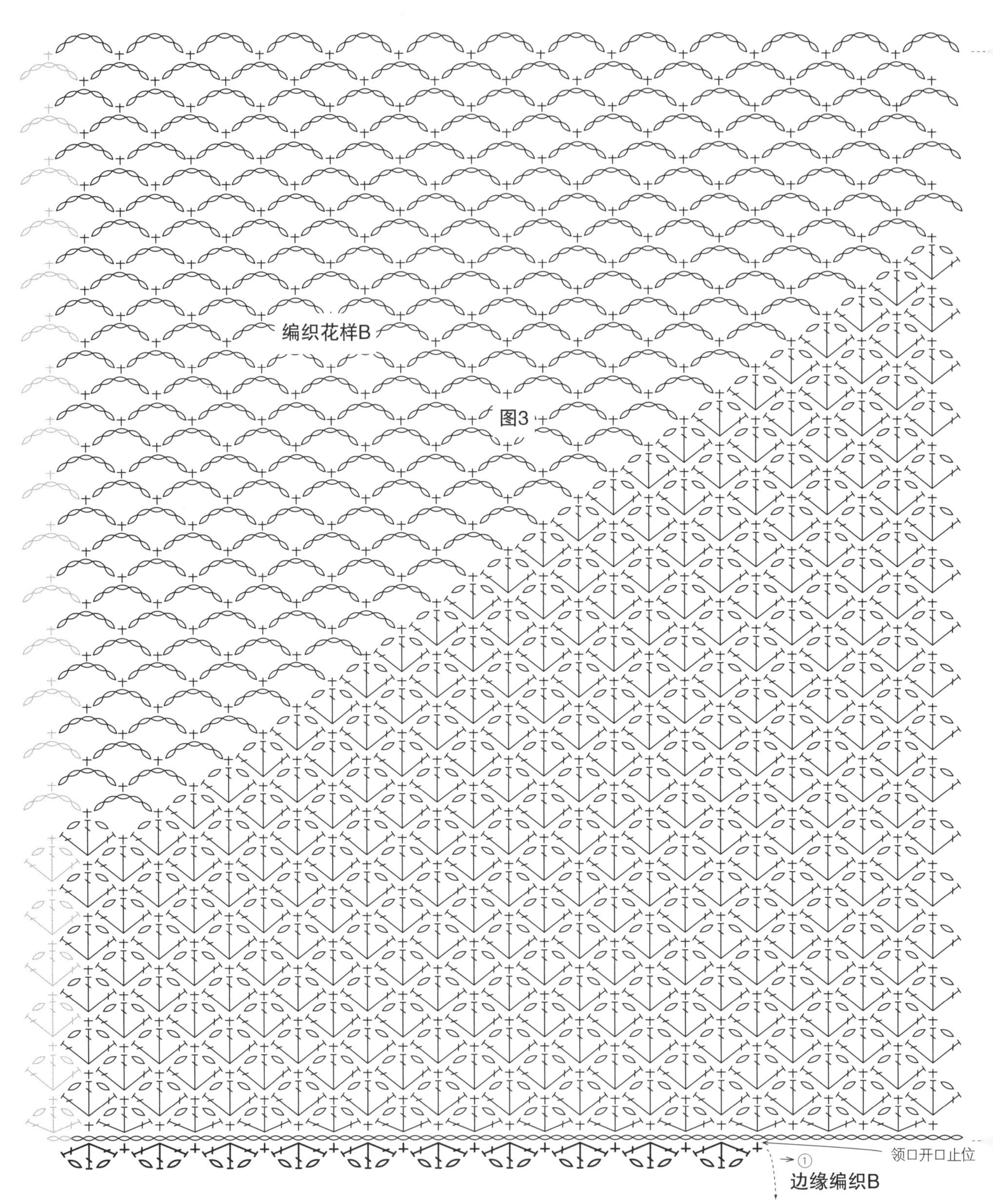
编织花样B
图3
领口开口止位
①
边缘编织B
接着钩织左后身片

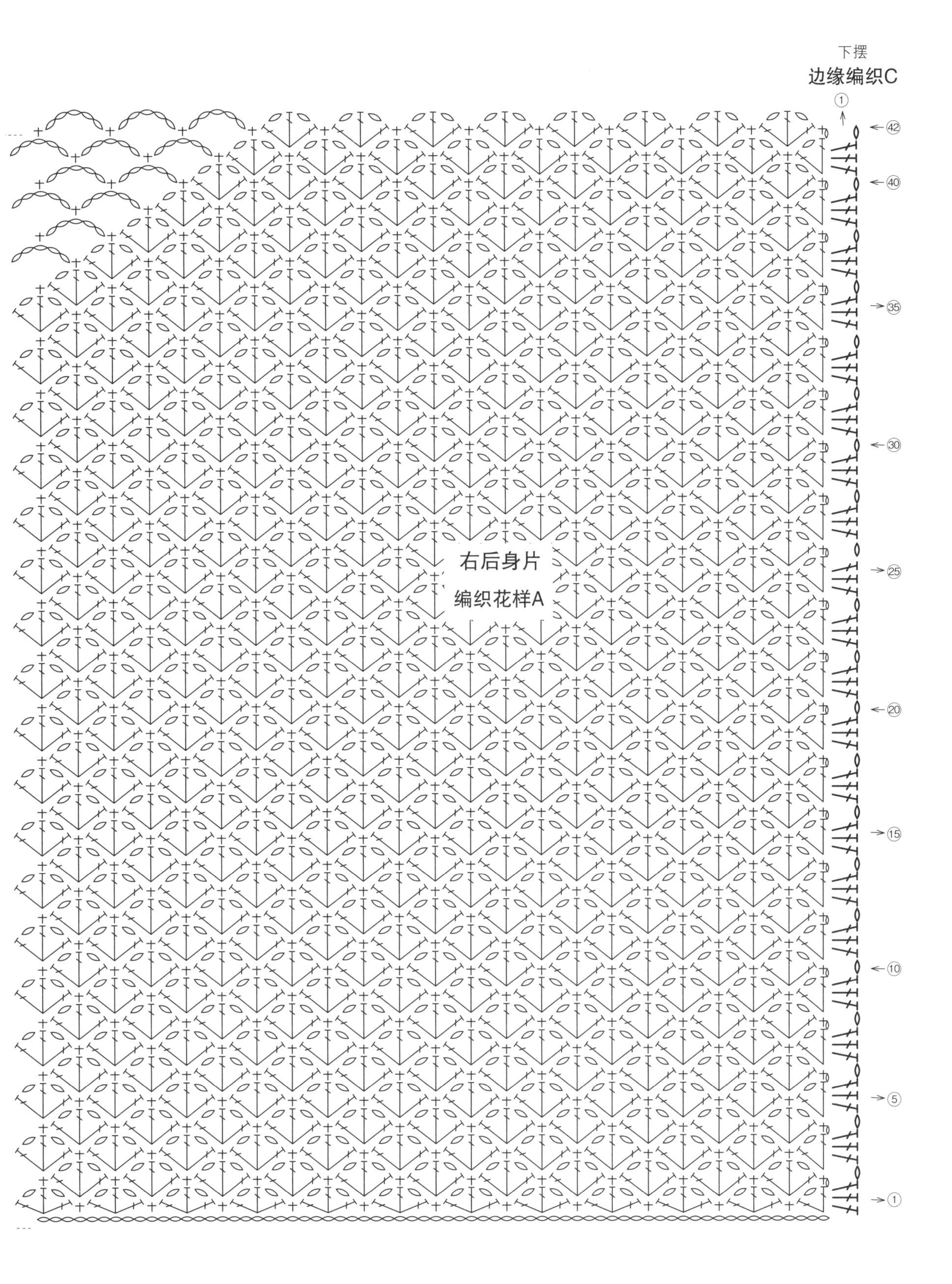

下摆
边缘编织C
①
㊷
㊵
㉟
㉚
㉕
⑳
⑮
⑩
⑤
①
右后身片
编织花样A

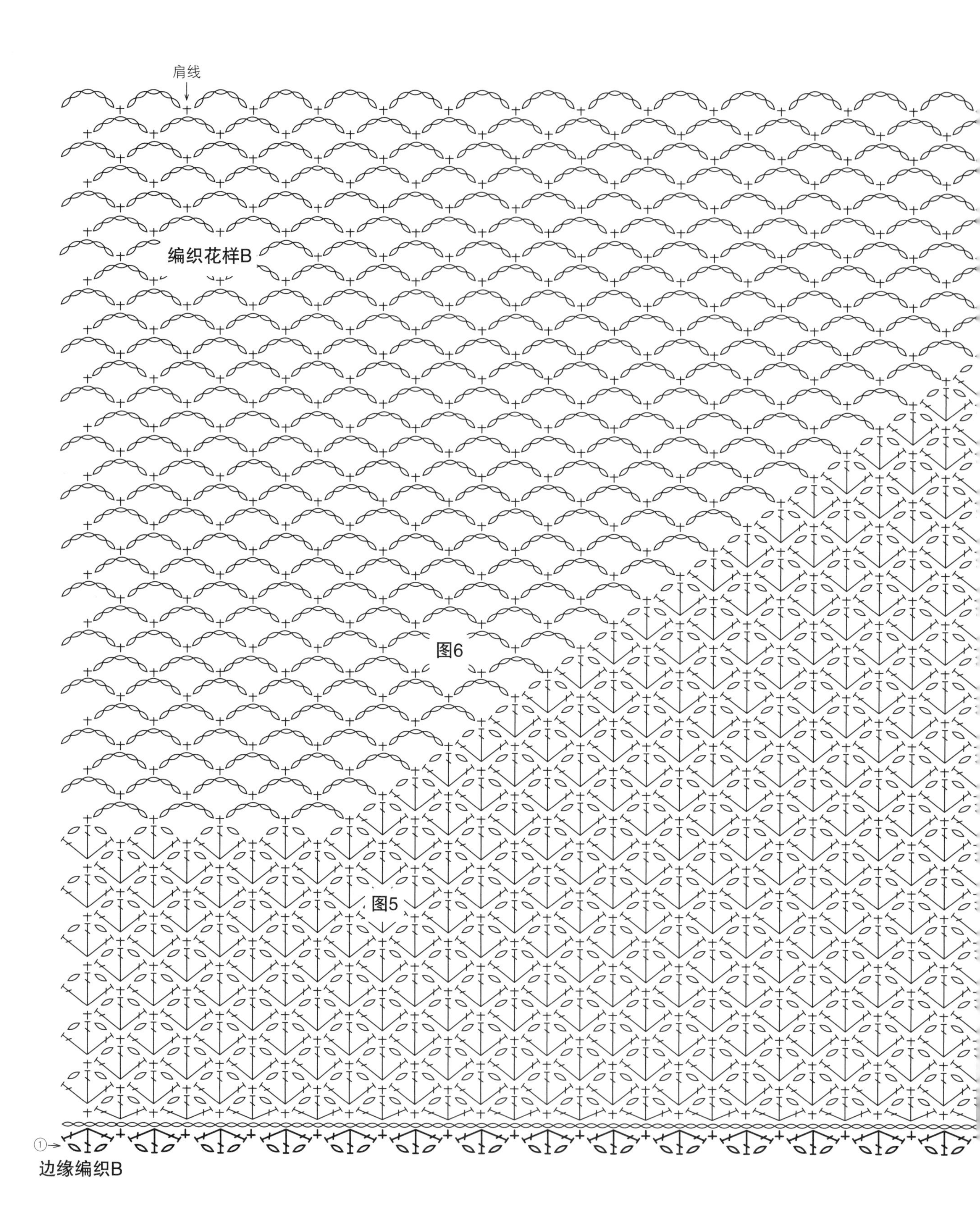
肩线
编织花样B
图6
图5
①
边缘编织B

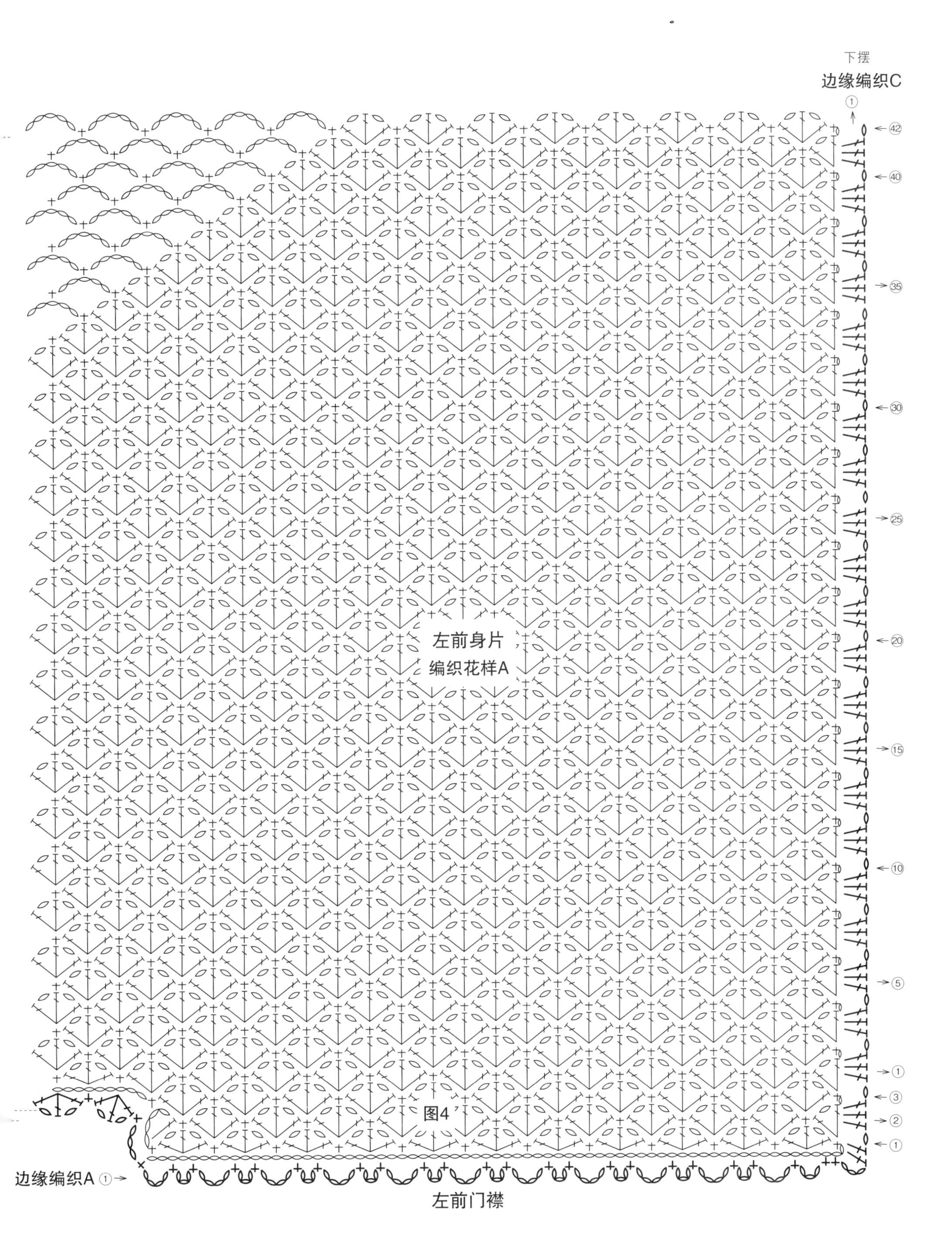

下摆
边缘编织C
①
42
40
35
30
25
20
15
10
5
①
③
②
①
左前身片
编织花样A
图4
边缘编织A ①
左前门襟

I、K | 14、15页

●**材料**

【 I 】Leafy（粗）

灰米色（760）、棕色（753）、黑色（757）各 15g/1团

【 K 】SympaDouce（粗）

粉红色（504）、灰色（508）各 25g/1团

●**工具**

钩针 4/0号

●**成品尺寸**

宽 11cm，深 21cm

●**编织密度**

10cm×10cm面积内：编织花样 25针，8.5行

●**编织要点**

侧面锁针起针，按编织花样钩织 2片。第 2片钩织结束时，将 2片织物正面朝外重叠，钩织短针缝合两侧和包底。接着在包口环形钩织短针，紧接着钩织肩带。

※全部使用4/0号针钩织

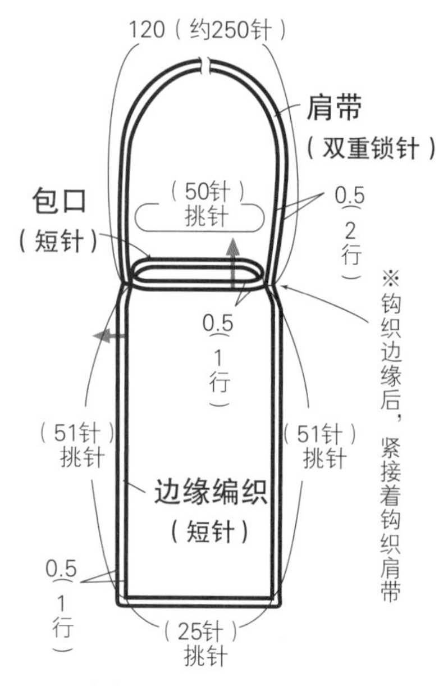

※边缘编织是将侧面正面朝外重叠，在2片织物里一起挑针钩织

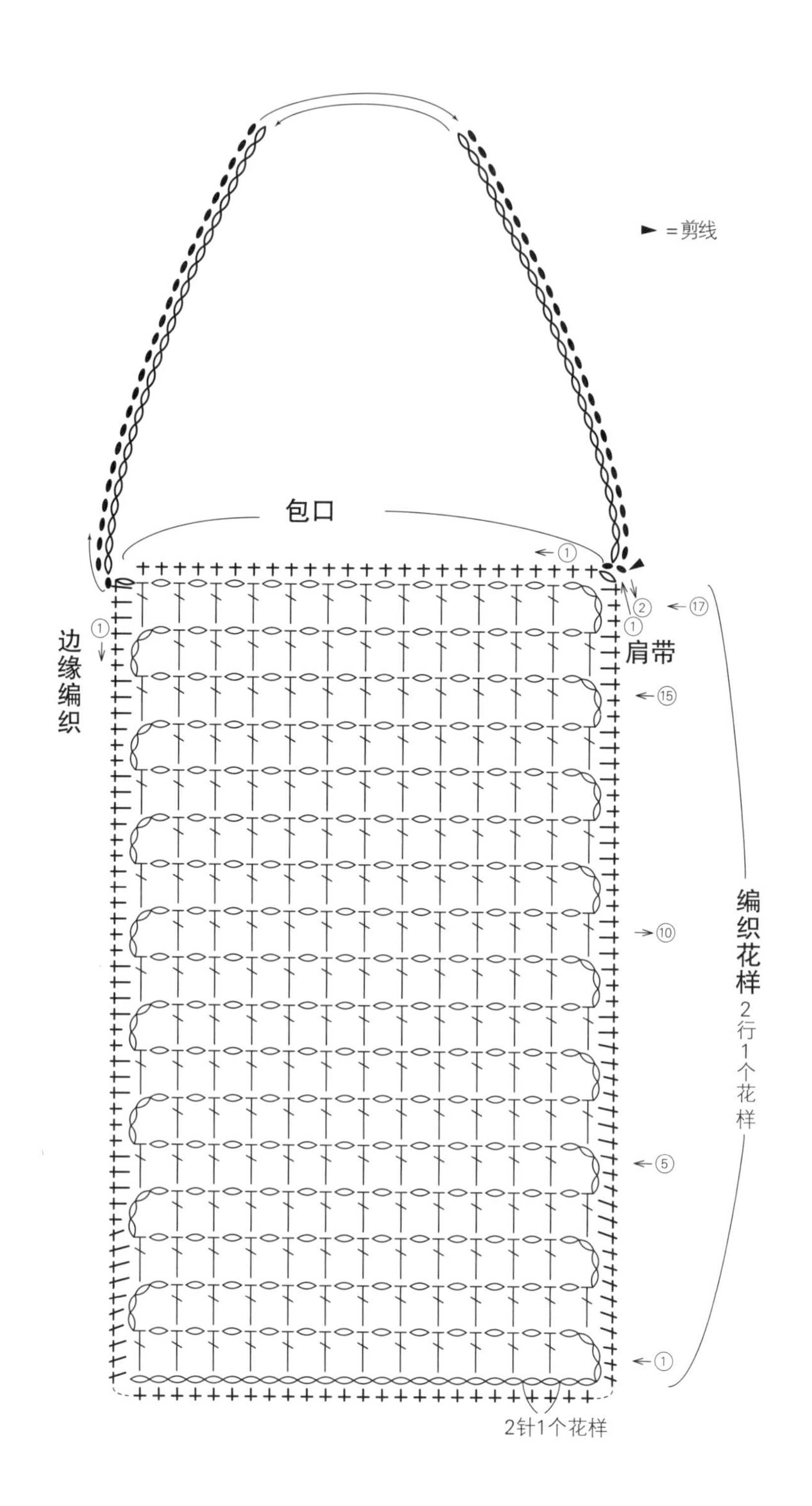

G | 11页

●材料

SympaDouce(粗)绿色(507)210g/6团

●工具

棒针5号

●成品尺寸

胸围94cm，衣长52.5cm，连肩袖长32.5cm

●编织密度

10cm×10cm面积内：编织花样A 17针，26行

●编织要点

后身片 手指挂线起针，编织12行下摆的双罗纹针。接着按编织花样A编织，在第1行加2针，编织68行至腋下。接着袖窿在边上1针的内侧做扭针加针，肩部做引返编织，领窝做伏针收针。

前身片 起针方法和后身片相同，并按照相同方法编织。领窝做伏针减针和立起侧边1针的减针。

衣袖 起针方法和后身片相同，按编织花样B一边分散减针一边编织16行，编织终点做伏针收针。

组合 肩部将前、后身片正面相对做盖针接合。胁部、袖下做挑针缝合。领口环形编织双罗纹针，编织终点做下针织下针、上针织上针的伏针收针。衣袖与身片之间做针与行的接合。

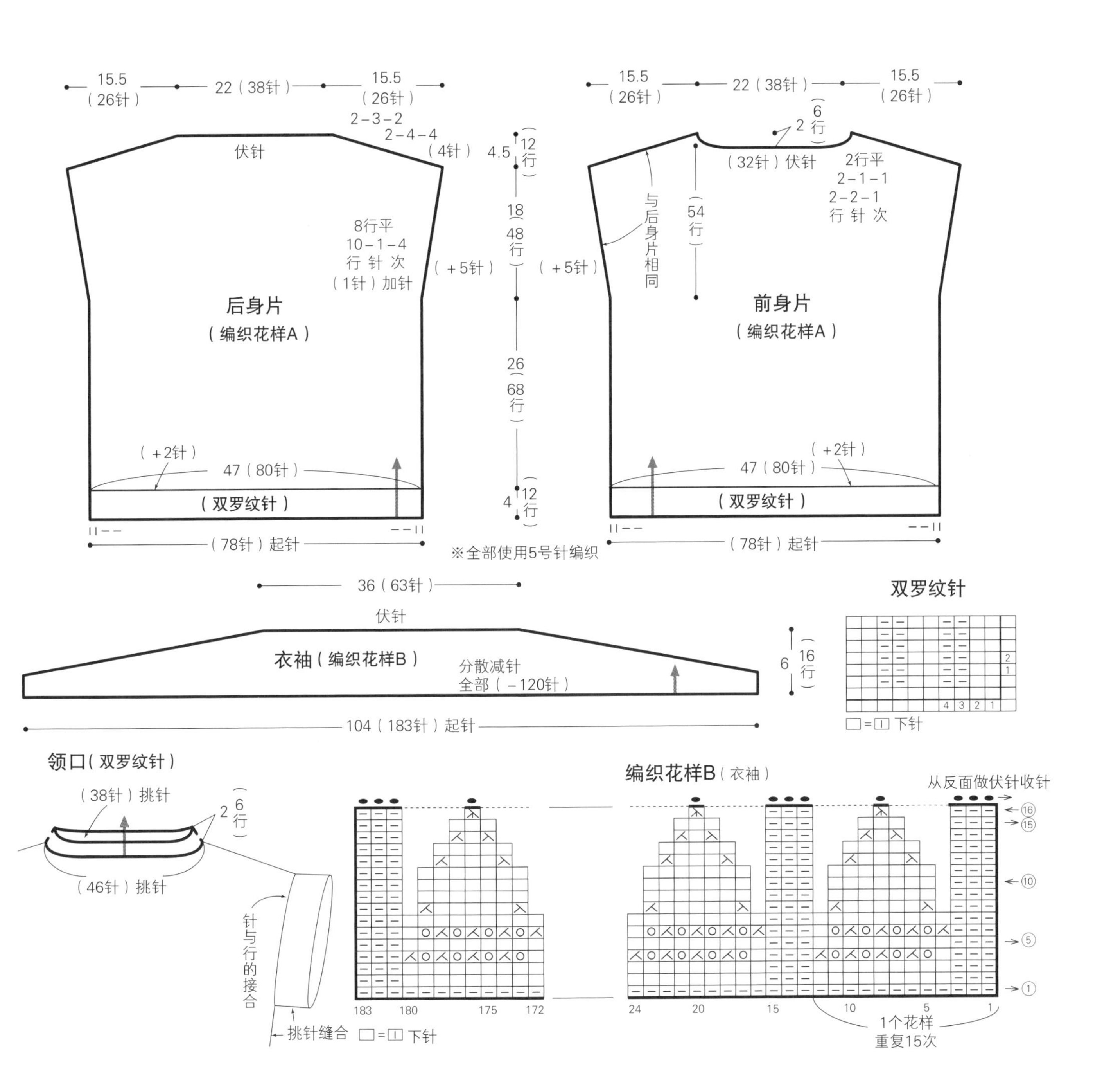

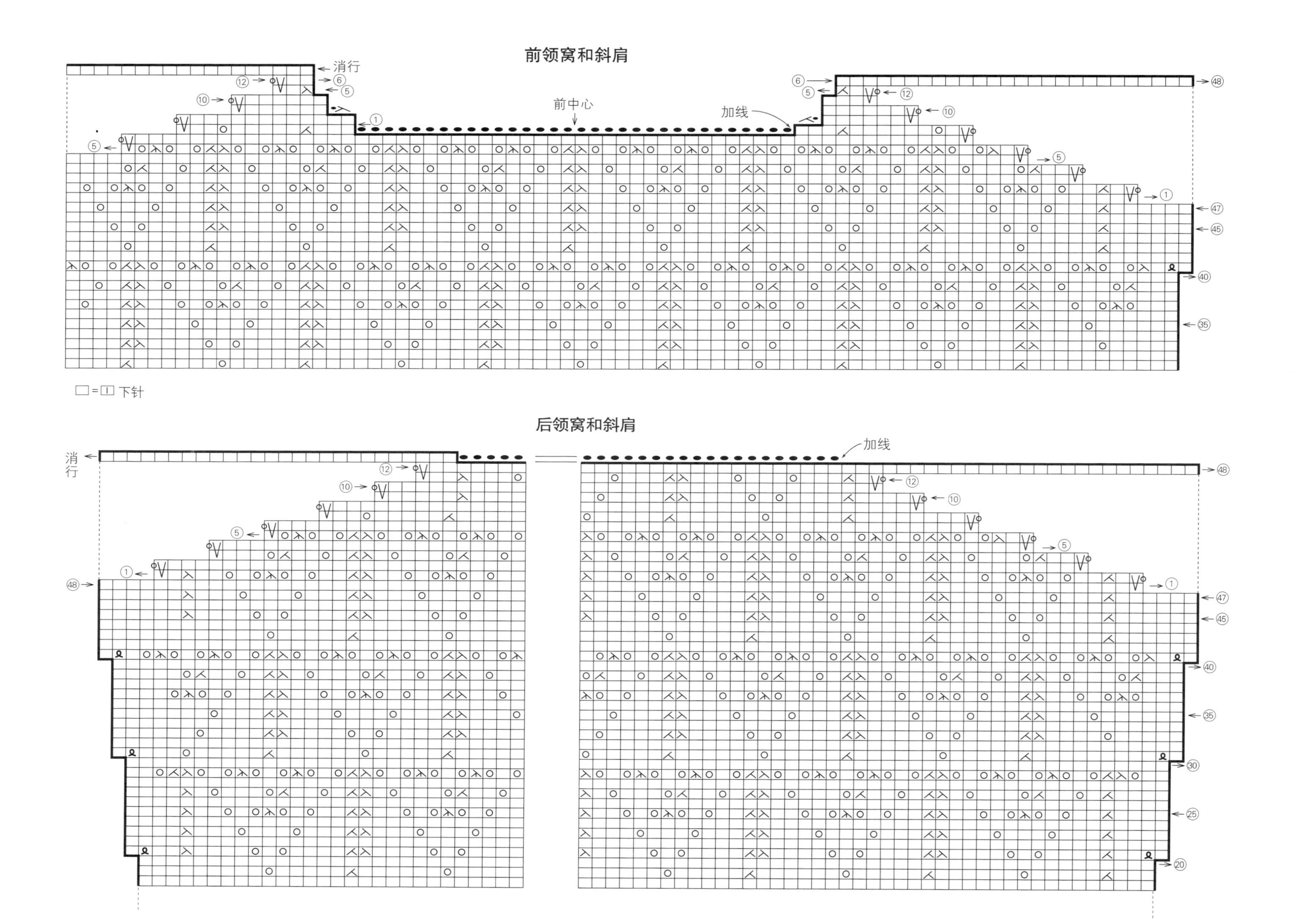
前领窝和斜肩
消行
前中心
加线
□=□ 下针
后领窝和斜肩
消行
加线

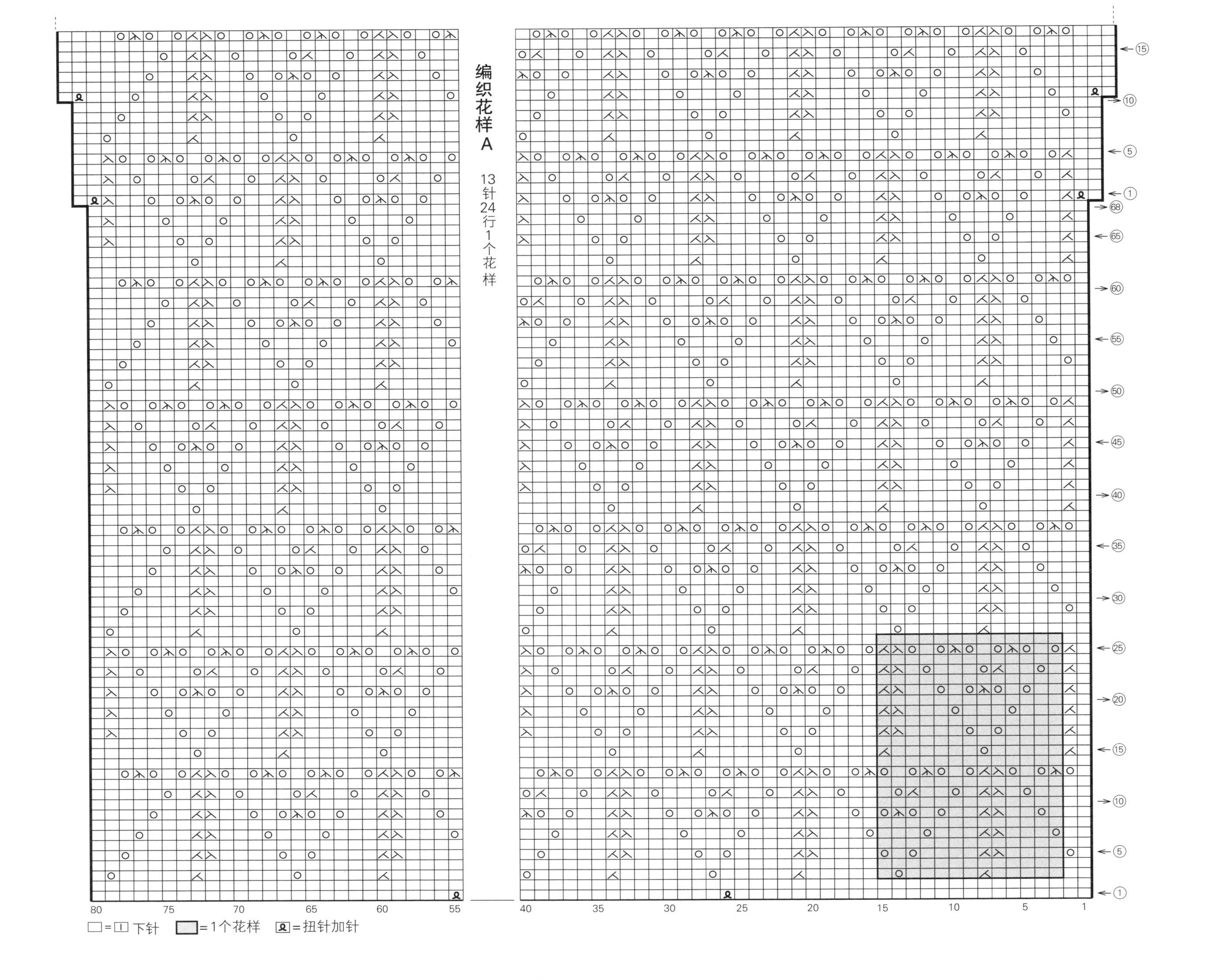
编织花样A
13针24行1个花样
□=□ 下针
=1个花样
=扭针加针

H | 12页

●材料

Palpito(中粗)卡其色系混染(6505)340g/7团

●工具

棒针8号

●成品尺寸

胸围113cm，衣长54cm，连肩袖长57cm

●编织密度

10cm×10cm面积内：下针编织20针，27.5行

●编织要点

前、后身片 手指挂线起针后编织10行桂花针，接着编织桂花针和下针。前端在7针桂花针的内侧做扭针加针。编织68行至腋下，接着分成左、右前身片和后身片编织。肩部做引返编织，编织终点做休针处理。

衣袖 肩部将前、后身片正面相对做盖针接合(为了防止拉伸变形，将前中心的左右各2针交叉一下)然后从前、后袖窿挑针，环形编织下针。袖下立起中心2针减针，再编织10行桂花针，最后一行的针目做伏针收针。

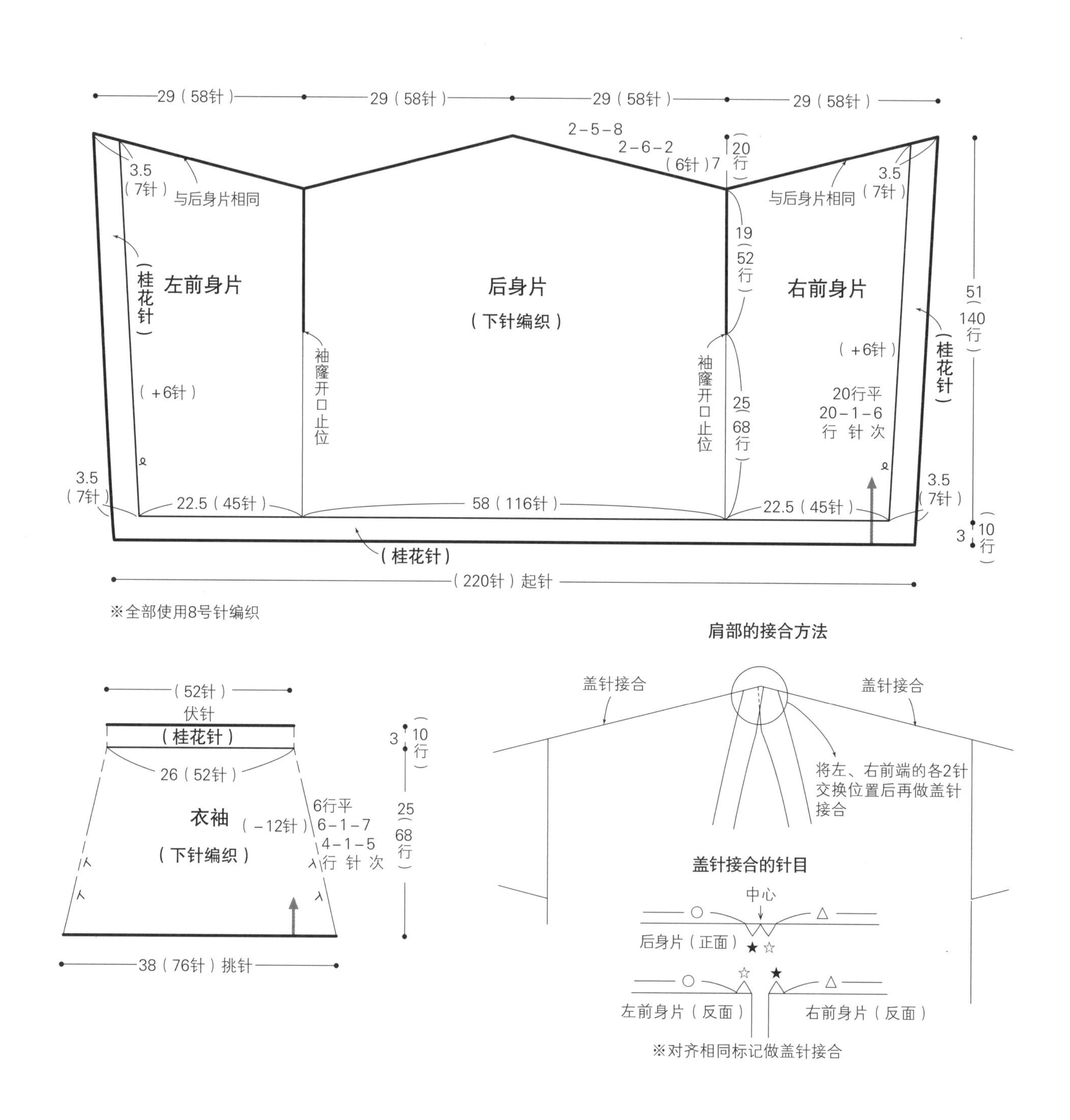

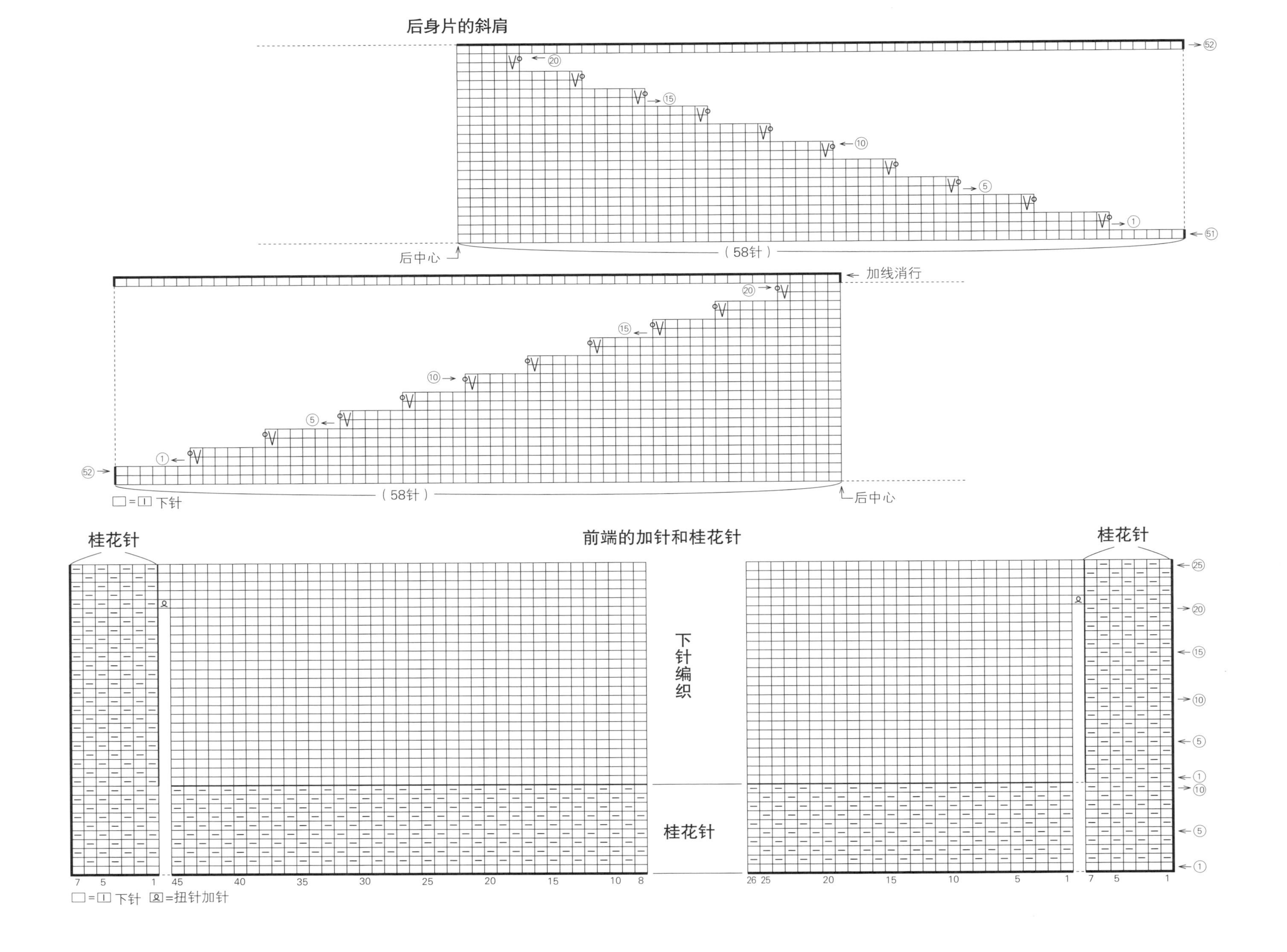
后身片的斜肩
后中心
(58针)
加线消行
(58针)
后中心
□=□ 下针
前端的加针和桂花针
桂花针
下针编织
桂花针
桂花针
□=□ 下针 ⌀=扭针加针

J | 14页

●**材料**

Palpito(中粗)蓝色系段染(6510)40g/1团

Leafy(粗)灰米色(760)、棕色(753)各20g/1团

直径2.3cm的纽扣1颗

●**工具**

钩针7/0号

●**成品尺寸**

宽22.5cm，深20cm

●**编织密度**

编织花样的1个花样(8针)4cm，4行7.5cm

●**编织要点**

侧面锁针起针，按条纹花样横向钩织。在第2行从侧面接着钩织提手部分的起针锁针。在侧面第22行钩织纽襻。钩织24行后，用卷针缝与起针行缝成圆筒形，然后对齐包底的相同标记做卷针缝缝合。再从反面用卷针缝将提手缝在侧面。将提手正面朝外对折，留出两端的半个花样钩织短针和锁针接合。在侧面的指定位置缝上纽扣。

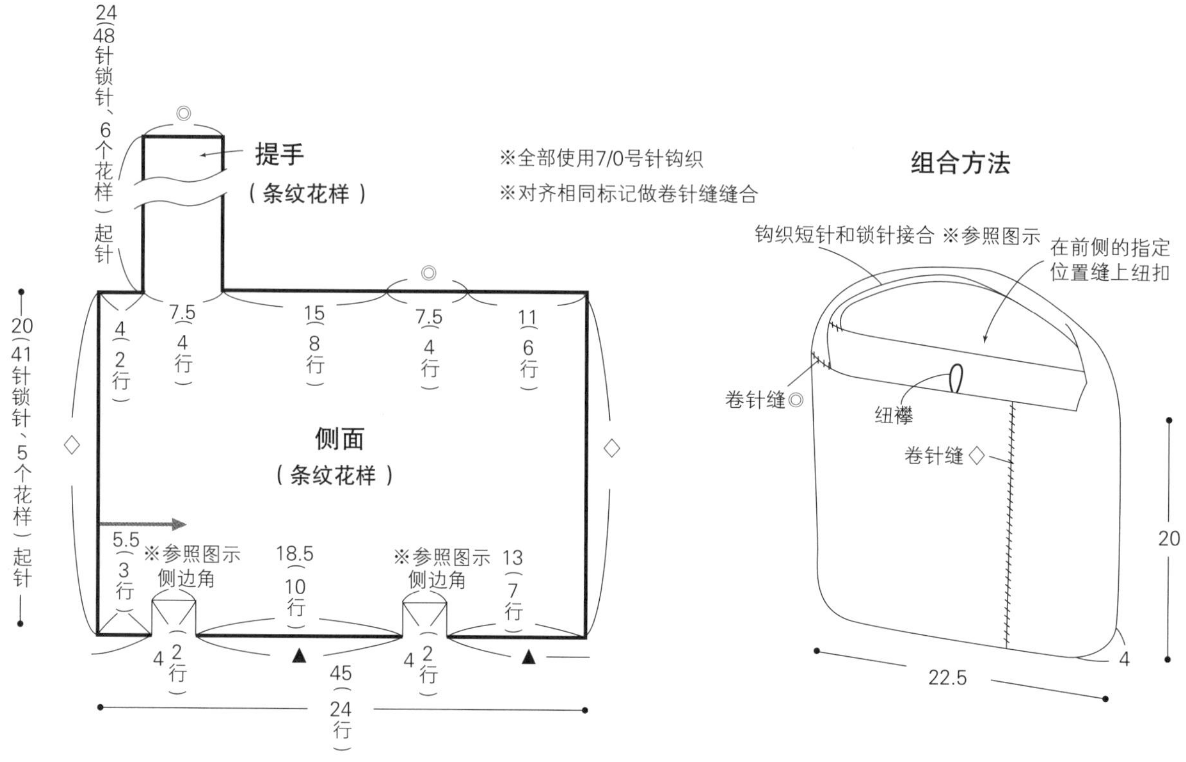

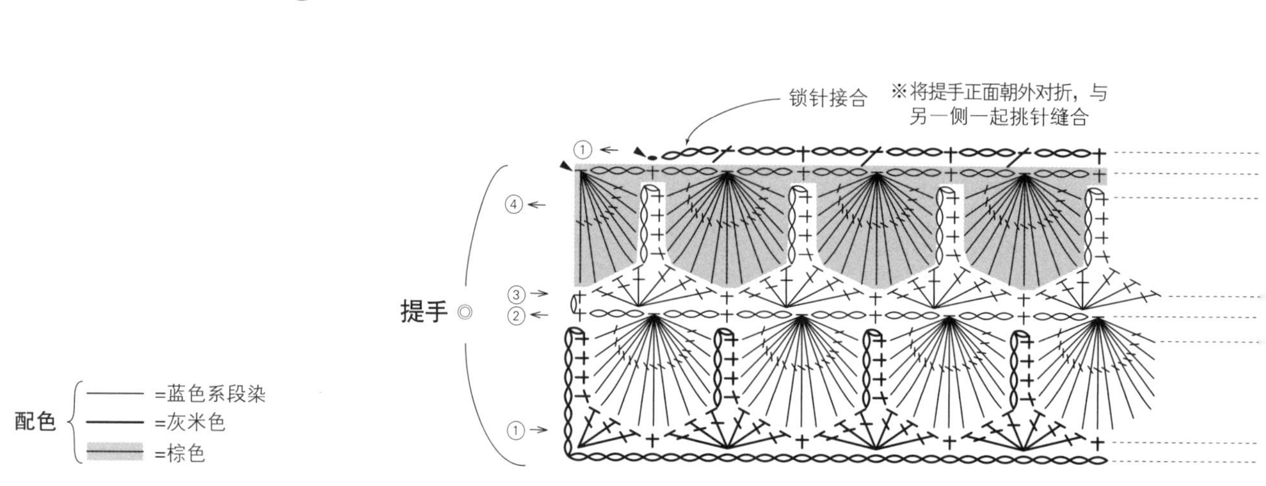

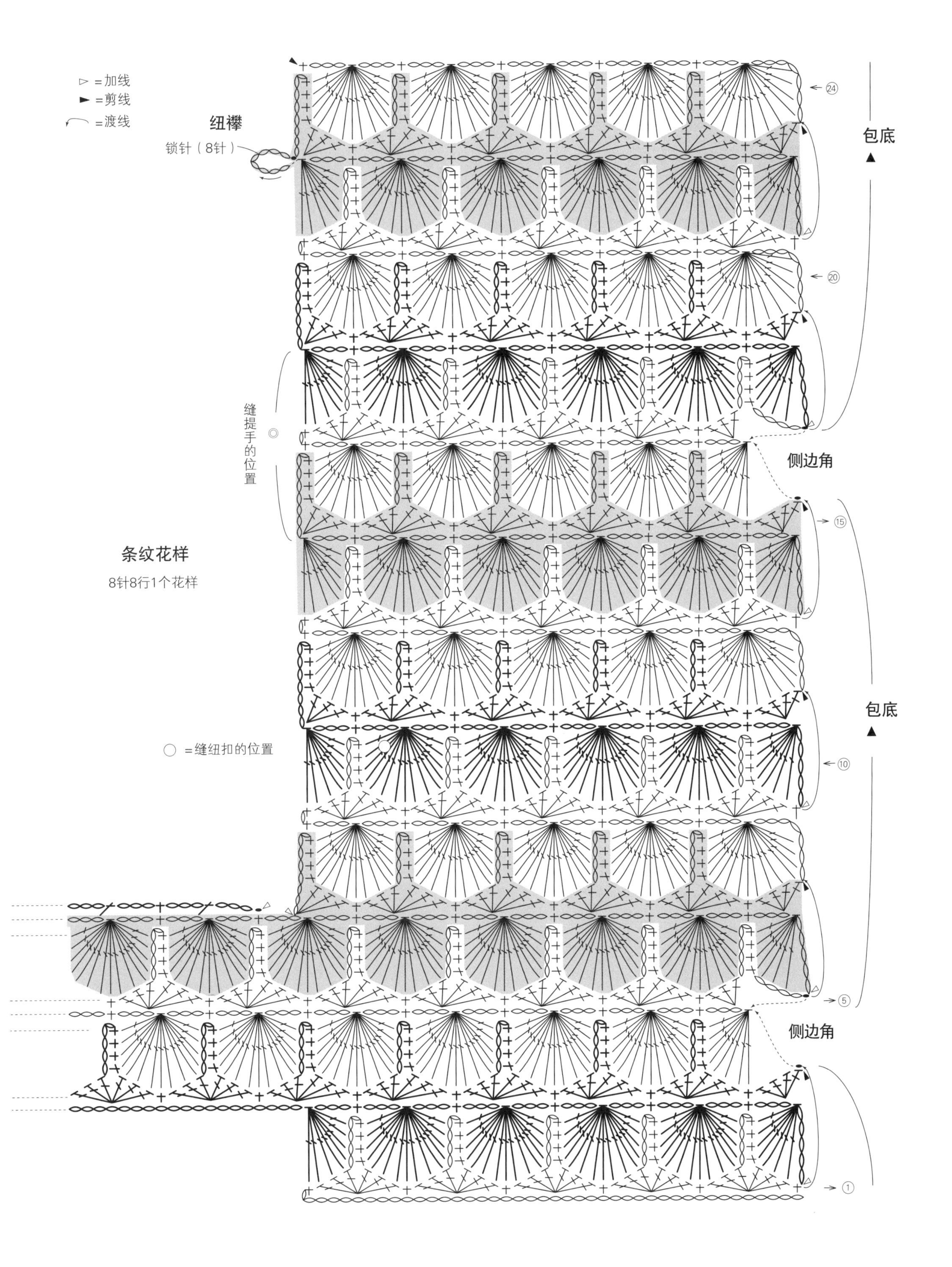
▷ =加线
▶ =剪线
=渡线
纽襻
锁针（8针）
包底
侧边角
缝提手的位置
条纹花样
8针8行1个花样
○ =缝纽扣的位置
◎
24
20
15
10
5
1
包底
侧边角

M | 18页

●材料

Nuvola(中粗) a 蓝色(404)、b 薄荷绿色(403)各100g/2团

●工具

钩针5/0号

●成品尺寸

宽18cm，深28cm，侧边8cm

●编织密度

10cm×10cm面积内：编织花样20针，12.5行；短针20针，20行

●编织要点

侧面锁针起针，按编织花样钩织32行。侧边和包底锁针起针，包底钩织短针，侧边按编织花样钩织，另一端的侧边从起针上挑针后按编织花样钩织。将侧面与侧边、包底正面朝外对齐，从侧面入针钩织短针缝合。在包口钩织短针，提手在指定位置锁针起针后与包口连起来钩织。

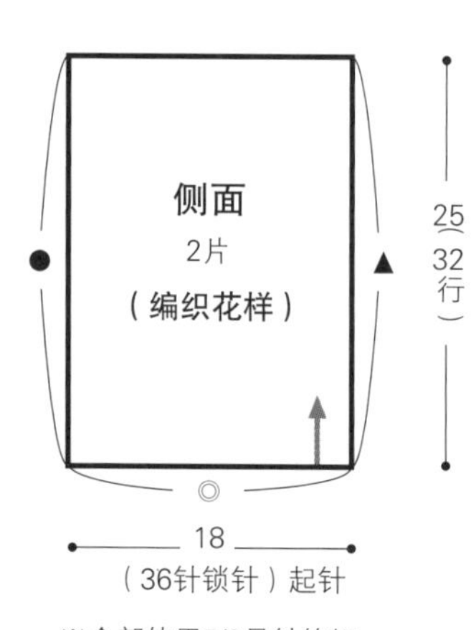

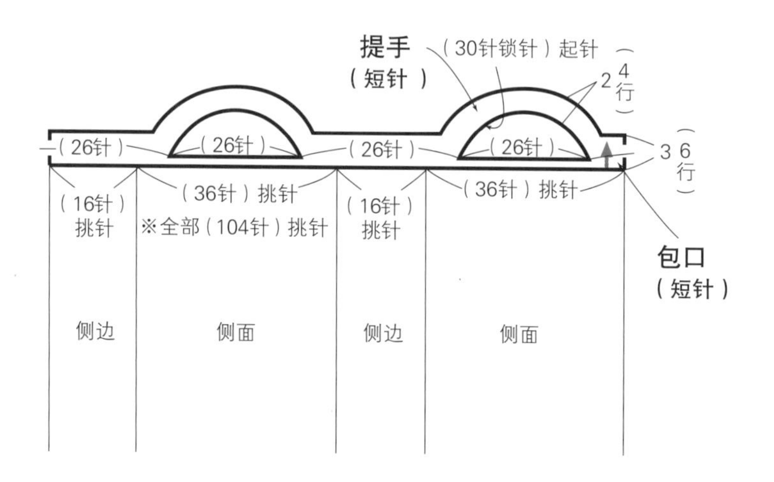

※全部使用5/0号针钩织

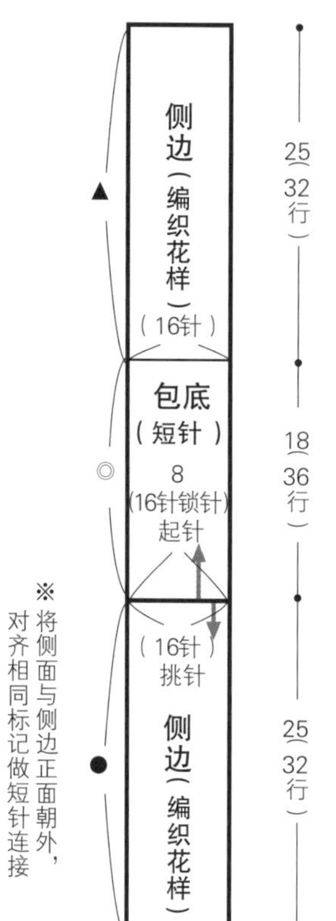

组合方法

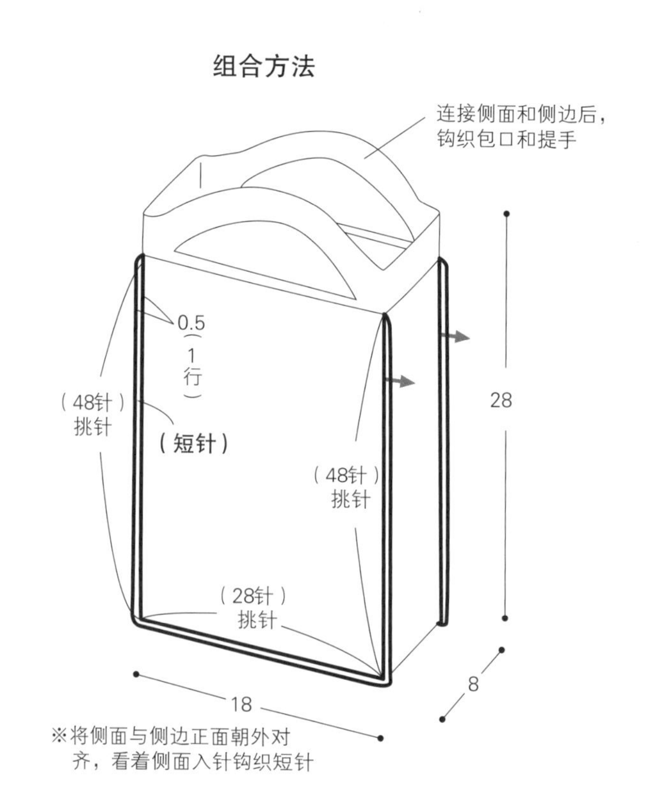

※将侧面与侧边正面朝外对齐，看着侧面入针钩织短针

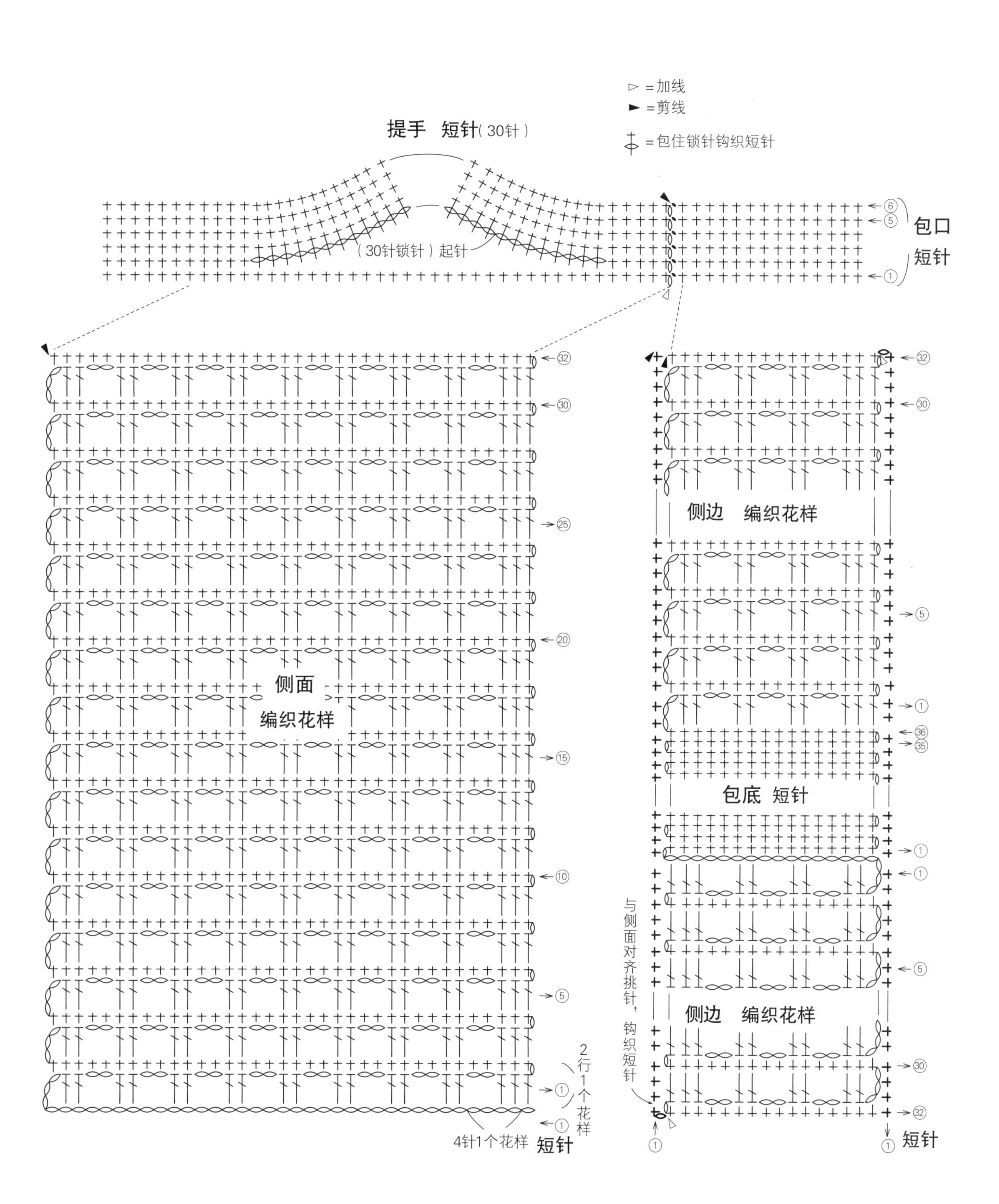

▷ =加线
► =剪线
=包住锁针钩织短针
提手 短针(30针)
(30针锁针)起针
包口 短针
⑥
⑤
①
侧面 编织花样
㉜
㉚
㉕
⑳
⑮
⑩
⑤
①
2行1个花样
4针1个花样
短针
侧边 编织花样
包底 短针
㊱
㉟
与侧面对齐挑针，钩织短针
㉜
㉚
⑤
①

N | 19页

●材料

Cotton Kona(粗)黑色(18)50g/2团,灰米色(64)、紫红色(79)、亮粉色(82)各40g/1团

●工具

钩针 5/0号

●成品尺寸

宽 24cm，深 24cm

●编织密度

1片花片：边长 8cm

●编织要点

侧面、提手按照连接花片钩织。花片用线头环形起针，按指定配色如图所示钩织。A、B、C分别钩织8片后如图所示排列，按照横向、纵向的顺序做引拔连接。提手与侧面对齐相同标记做引拔连接。

侧面（前侧）
（连接花片）

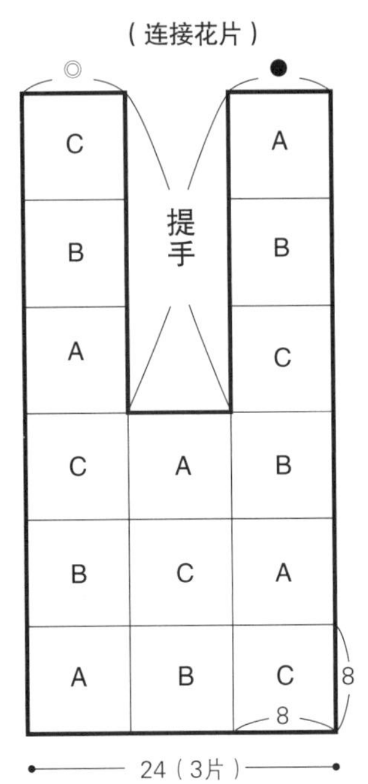

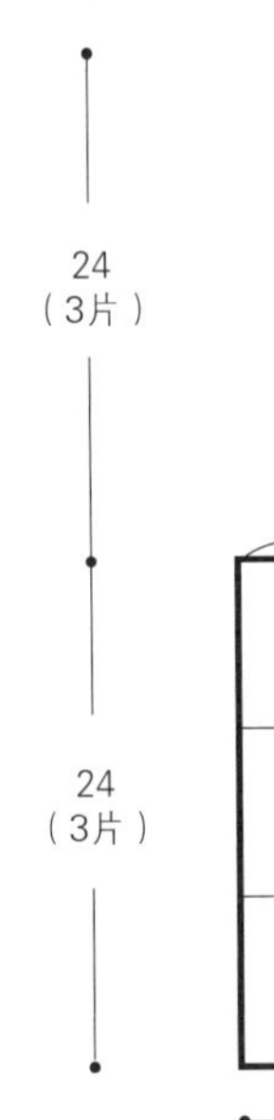

侧面（后侧）
（连接花片）

●　◎

C	A	B
B	C	A
A	B	C

24（3片）

※全部使用5/0号针钩织

※将花片正面朝外对齐做引拔连接（黑色）

①如图所示排列花片，先做横向连接，再做纵向连接。

②将侧面正面朝外对齐，连接侧边和包底。

③提手和侧面对齐相同标记连接。

花片

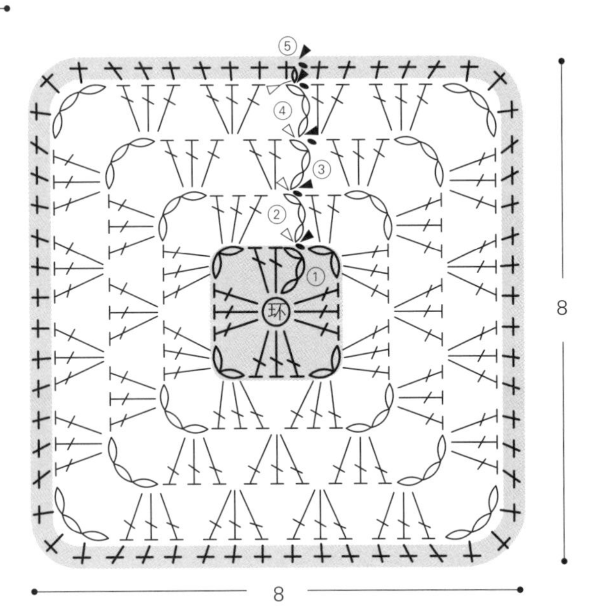

▷＝加线
►＝剪线

花片的配色 各8片

行数	A	B	C
5行	黑色	黑色	黑色
4行	亮粉色	紫红色	灰米色
3行	灰米色	亮粉色	紫红色
2行	紫红色	灰米色	亮粉色
1行	黑色	黑色	黑色

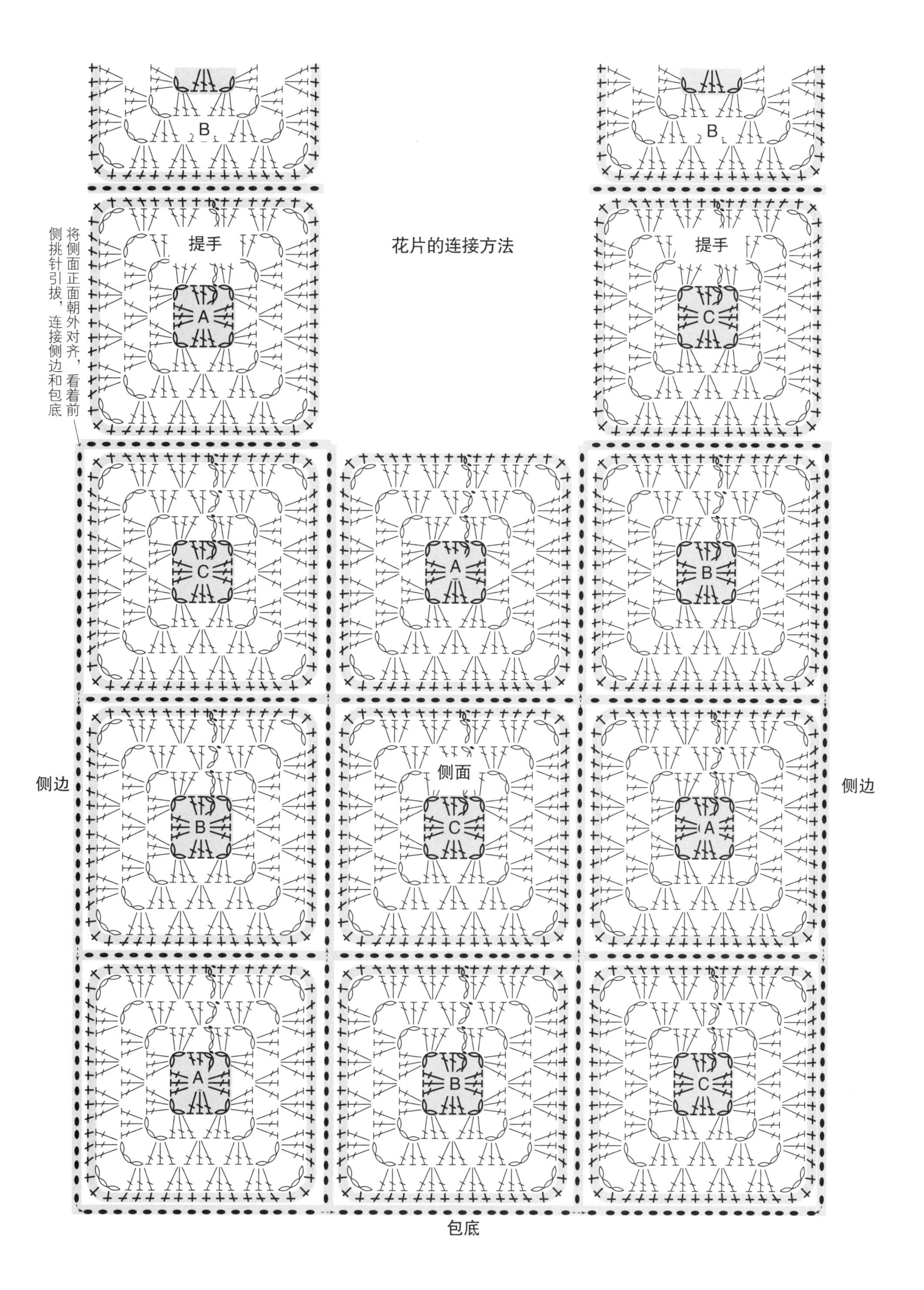

B
B
花片的连接方法
将侧面正面朝外对齐，看着前侧挑针引拔，连接侧边和包底
提手
提手
A
C
C
A
B
侧边
侧面
侧边
B
C
A
A
B
C
包底

O | 20页

●材料

Silk Spin Lame(细)米色(203)110g/5团

●工具

棒针4号

●成品尺寸

胸围94cm，衣长50.5cm，连肩袖长25.5cm

●编织密度

10cm×10cm面积内：编织花样19.5针，30行

●编织要点

前、后身片 手指挂线起针，按编织花样从下摆编织至肩部。在袖口开口止位用线头做上记号。领窝做伏针减针和立起侧边1针的减针。肩部的针目做休针处理。

组合 肩部将前、后身片正面相对做引拔接合。胁部做挑针缝合。领口、袖口从身片的指定位置挑针后环形编织起伏针，编织终点做伏针收针。

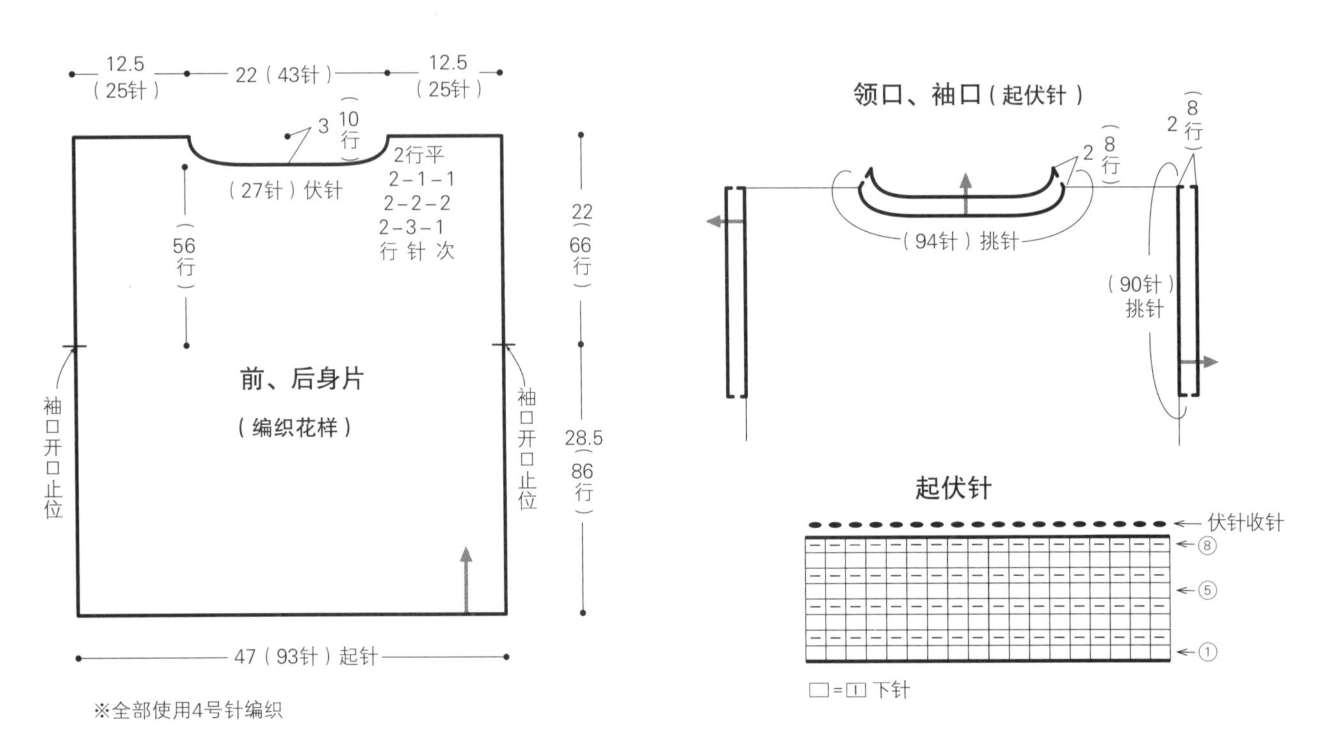

※全部使用4号针编织

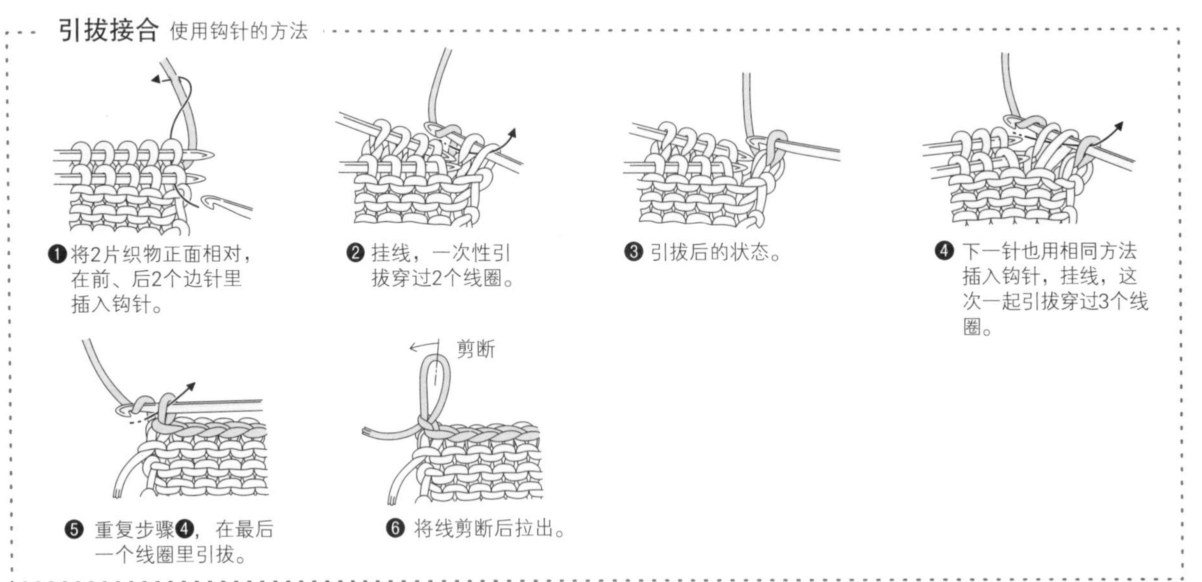

❶将2片织物正面相对，在前、后2个边针里插入钩针。

❷挂线，一次性引拔穿过2个线圈。

❸引拔后的状态。

❹下一针也用相同方法插入钩针，挂线，这次一起引拔穿过3个线圈。

❺重复步骤❹，在最后一个线圈里引拔。

❻将线剪断后拉出。

前、后身片

领窝

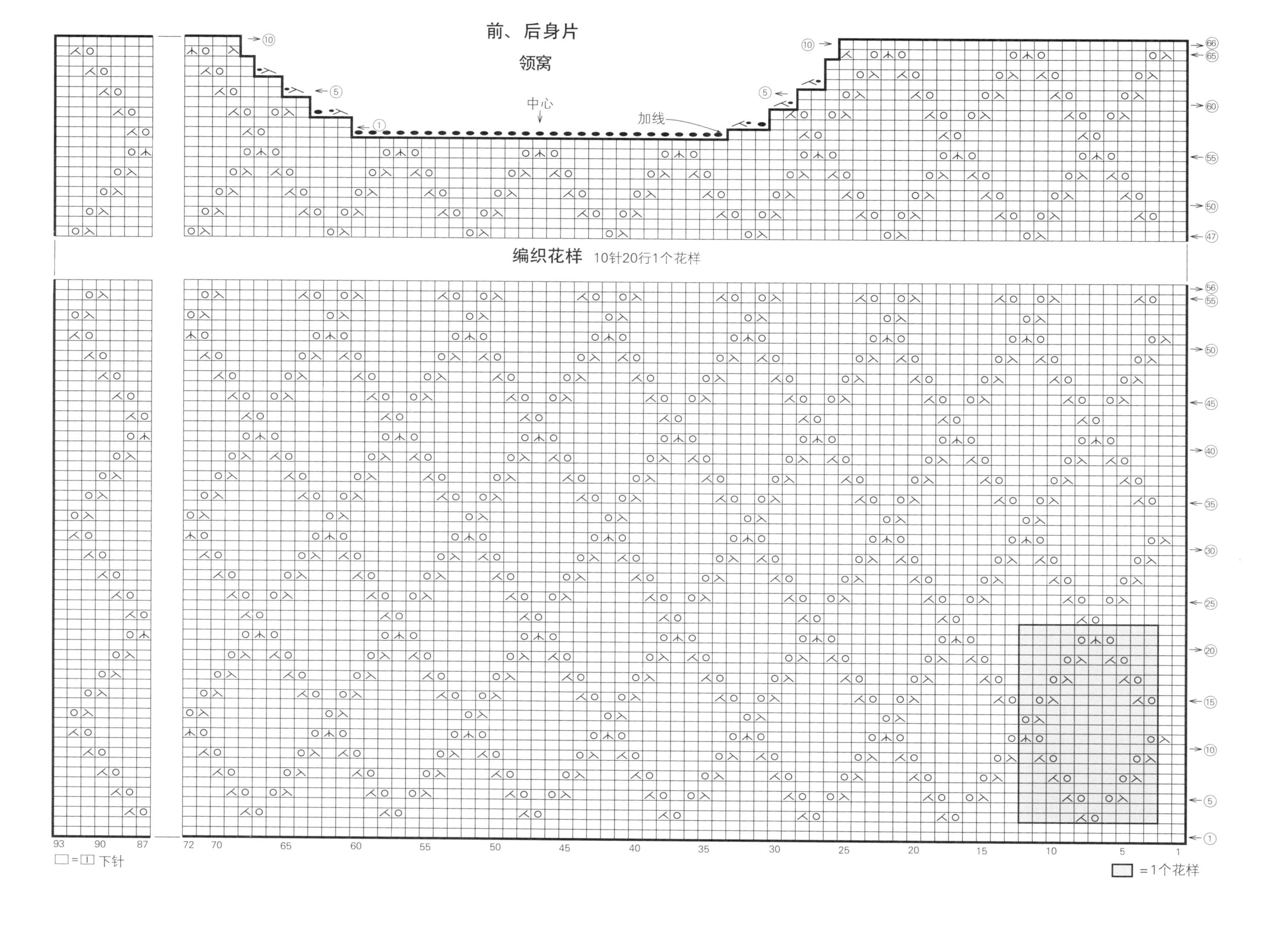

P | 21页

●**材料**

Cotton Kona（粗）卡其色（73）220g/6团

●**工具**

棒针 8号

●**成品尺寸**

胸围 112cm，衣长 51.5cm，连肩袖长 30cm

●**编织密度**

10cm×10cm面积内：编织花样 17.5针，26.5行

●**编织要点**

后身片　手指挂线起针后，从下摆开始编织双罗纹针，接着按编织花样编织至肩部。在袖口开口止位用线头做上记号。领窝做伏针减针和立起侧边1针的减针。肩部的针目做休针处理。

前身片　起针方法和后身片相同，按照相同方法编织。

组合　肩部将前、后身片正面相对做盖针接合。胁部做挑针缝合。领口、袖口从身片的指定位置挑针后环形编织双罗纹针。编织终点做下针织下针、上针织上针的伏针收针。

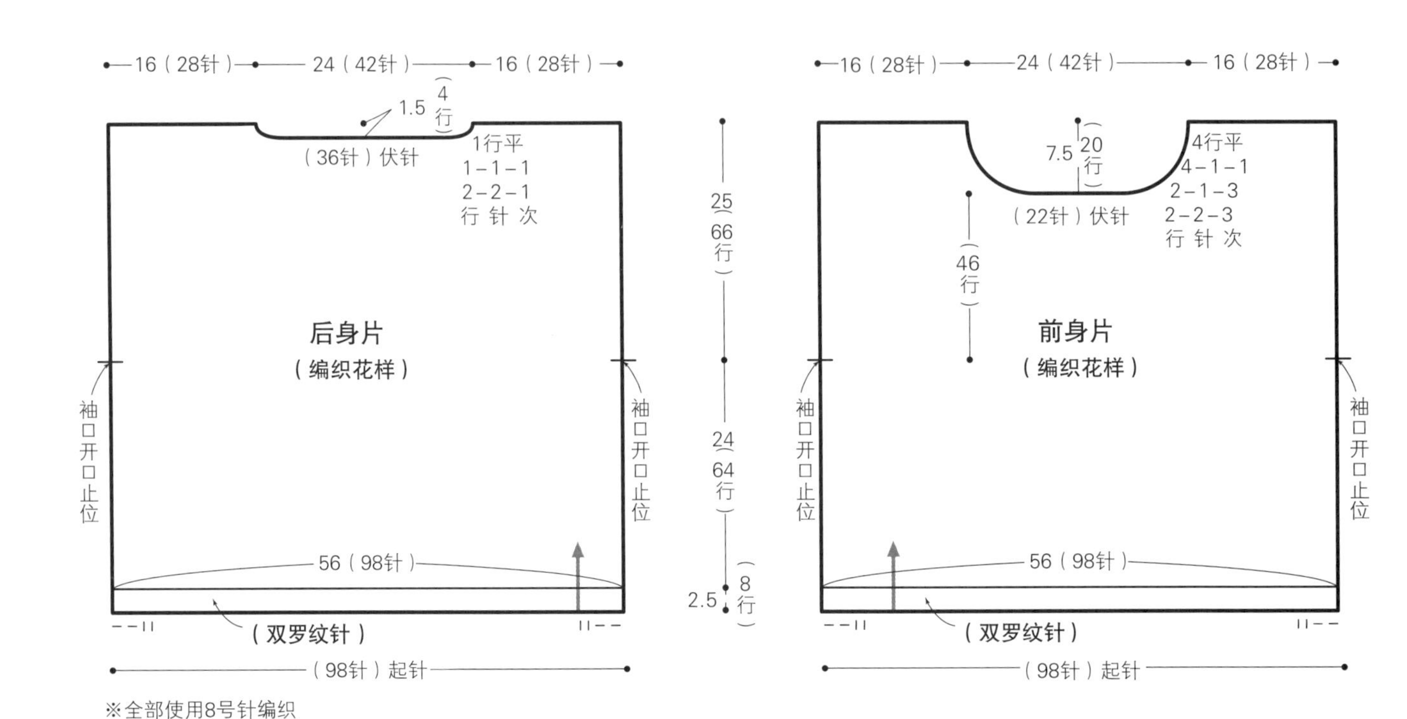

※全部使用8号针编织

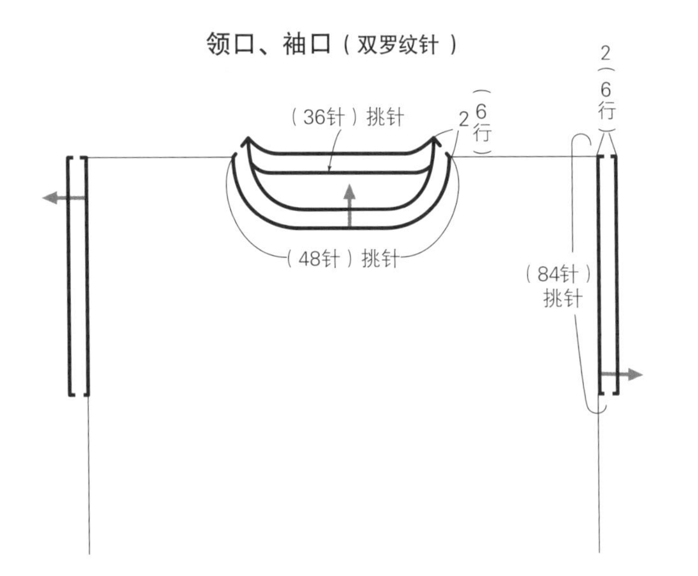

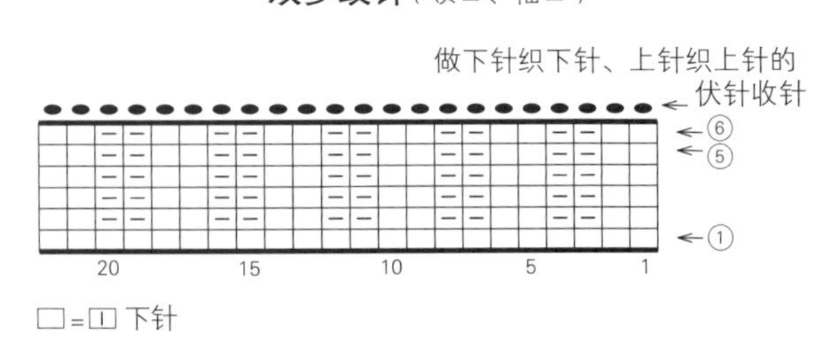

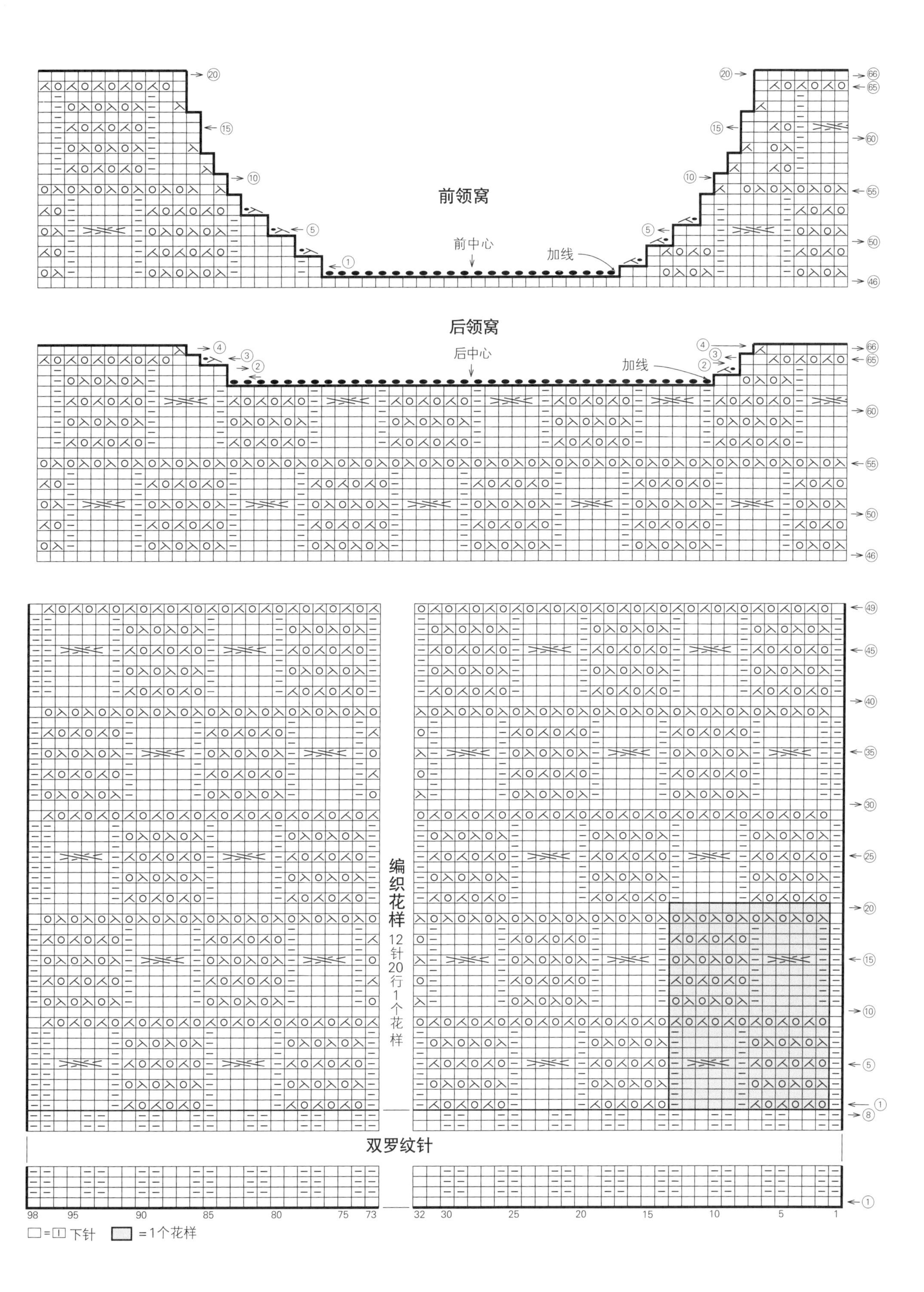

前领窝
前中心
加线
后领窝
后中心
加线
编织花样
12针20行1个花样
双罗纹针
□=▣ 下针
=1个花样

Q | 22页

●材料

Arabis(中细)陶土色(1644)260g/7团

●工具

钩针 5/0号

●成品尺寸

胸围 108cm，衣长 55cm，连肩袖长 28cm

●编织密度

1片花片：边长 18cm

●编织要点

前、后身片 整体按照连接花片钩织。花片锁针起针后连接成环形，参照图示钩织。从第2片花片开始，一边钩织一边在最后一行与相邻花片做连接。

组合 在领口、袖口、下摆环形钩织边缘。

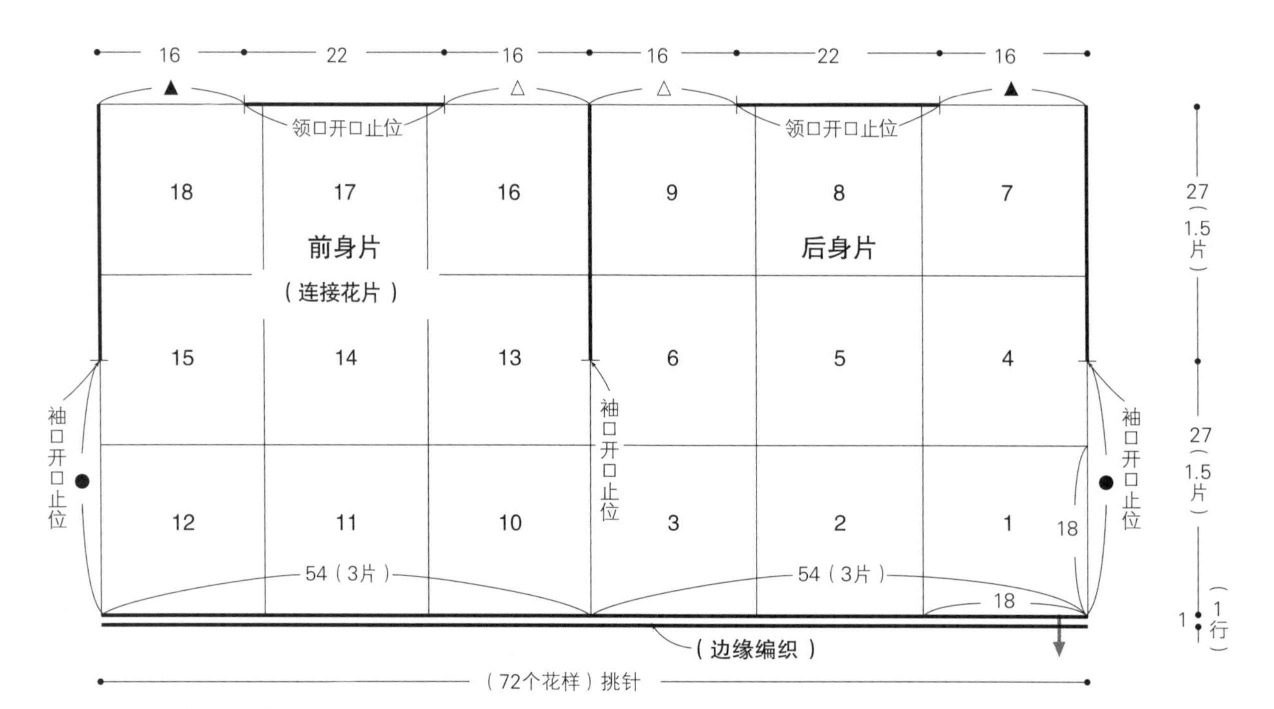

※全部使用5/0号针钩织

※花片内的数字表示连接顺序

※相同标记处一边钩织一边做连接

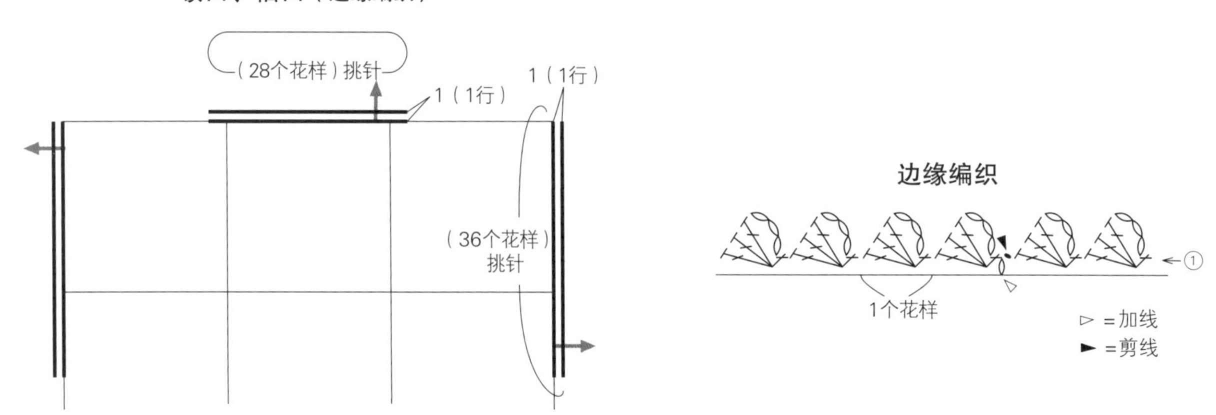

花片 18片
⑫
⑩
⑤
①
8针
18
18
▻ =加线
► =剪线
17
16
18
边缘编织
领口
①
9
8
7

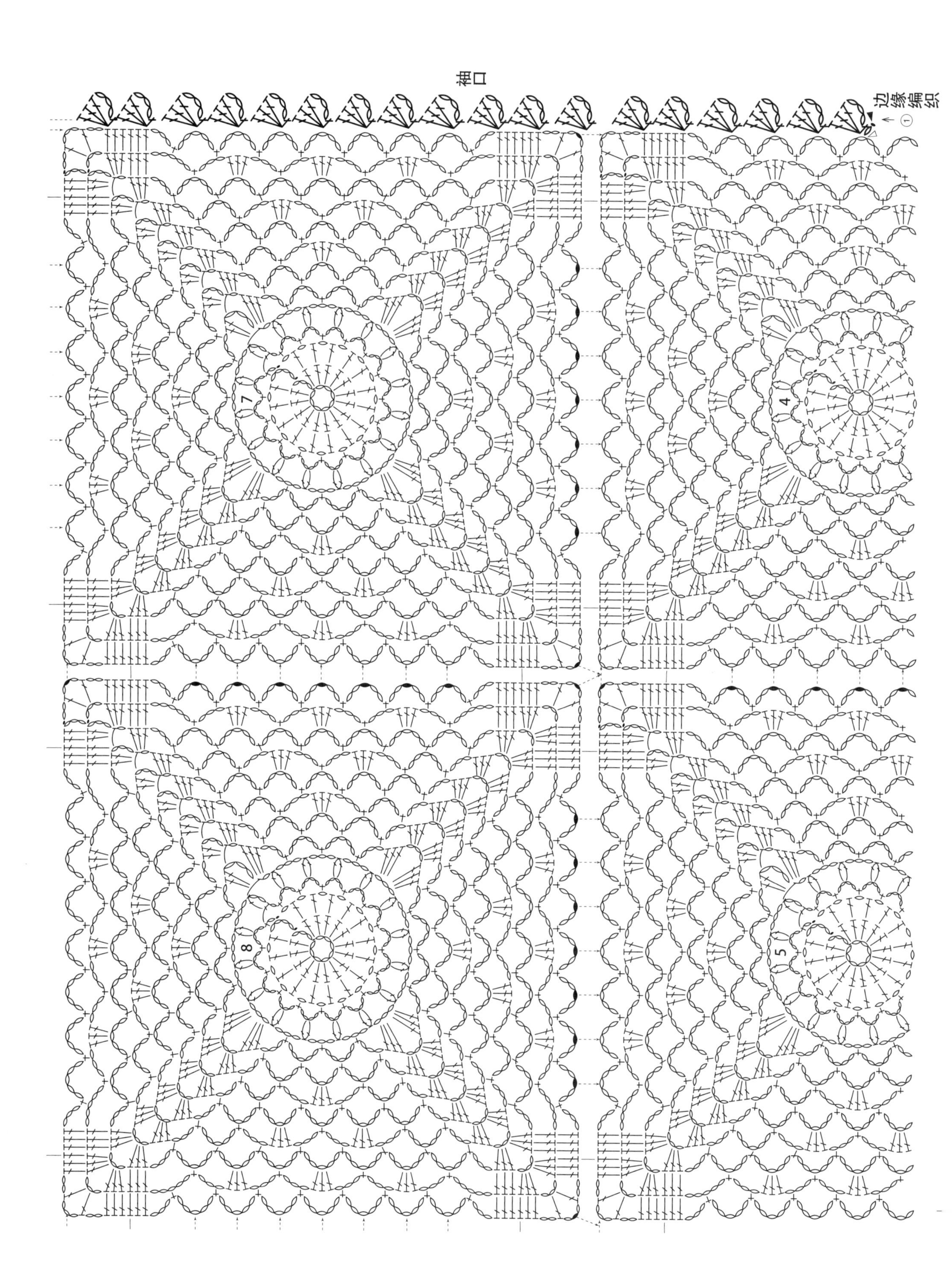
袖口
边缘编织
①
7
4
8
5

—Ɨ—Ɨ— = 钩3针长针后暂时取下钩针，在已织花片的长针头部插入钩针，将刚才取下的针目拉出，接着钩织长针

R | 23页

●材料

Linen 100(粗)咖啡色(909)250g/7团

●工具

钩针 4/0号

●成品尺寸

胸围 120cm，衣长 45.5cm，连肩袖长 40.5cm

●编织密度

1片花片：边长 10cm

●编织要点

前、后身片，衣袖 整体按照连接花片钩织。花片用线头环形起针，参照图示钩织。从第2片花片开始，一边钩织一边在最后一行与相邻花片做连接。

组合 在领窝、袖口、下摆环形钩织边缘。

(36个花样)挑针

(边缘编织)

后身片

(连接花片)

右袖

左袖

前身片

与前身片连续钩织

与后身片连续钩织

20(2片)

10(1片)

60(6片)

(18个花样)挑针

30(3片)

0.5(1行)

10(1片)

※全部使用4/0号针钩织

※花片内的数字表示连接顺序

※相同标记处一边钩织一边做连接

▷ =加线
► =剪线

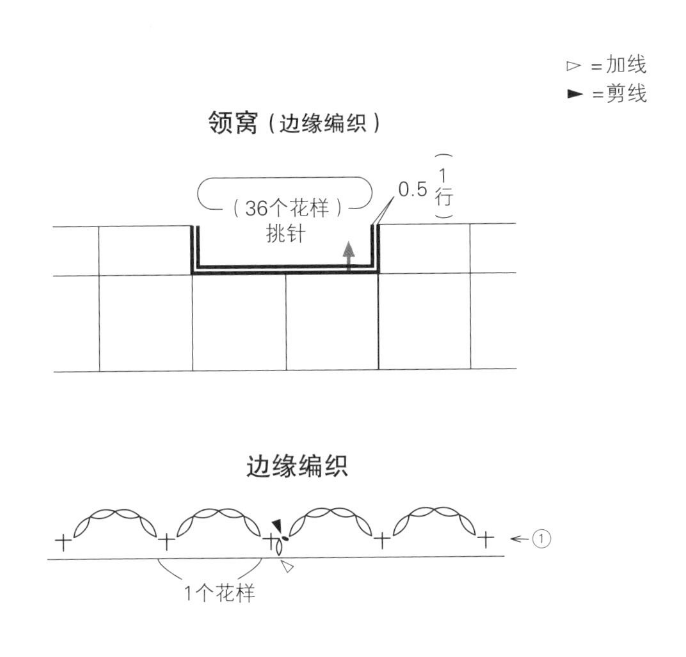
领窝（边缘编织）
（36个花样）
挑针
0.5
1
行
边缘编织
1个花样

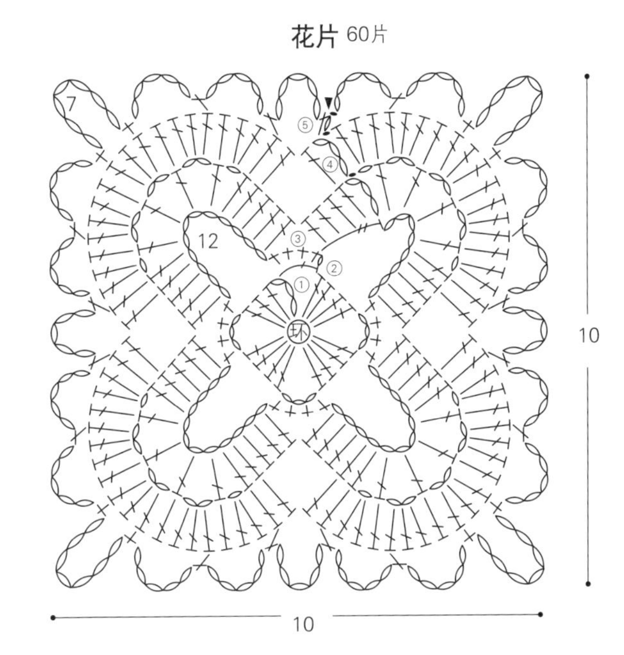
花片 60片
7
12
10
10
环

49
50
51
52
后中心
领窝
边缘编织
58
57
前中心
43
42
44
41

花片的连接方法

15 14 13

3 2 1

① 边缘编织

L | 16页

●材料

Pima Denim（粗）蓝绿色（109）225g/6团

直径11.5mm的纽扣3颗

●工具

棒针（环形针）5号、4号，钩针4/0号

●成品尺寸

胸围98cm，衣长50cm，连肩袖长50.5cm

●编织密度

10cm×10cm面积内：下针编织、编织花样B均为21针，30行

●编织要点

育克 另线锁针起针后在锁针的里山挑针，按照左前身片、左袖、后身片、右袖、右前身片的顺序，按编织花样A、B和下针往返编织至开口止位，接着环形编织20行。如图所示，在编织花样B的指定位置加针。

前、后身片 从育克挑针，在后身片往返编织8行，接着在腋下做10针卷针起针，按下针和编织花样A'环形编织。编织终点做下针织下针、上针织上针的伏针收针。

衣袖 按身片的相同要领，从育克、后身片（●、○）、腋下（■、□）挑针，按下针和编织花样A'环形编织。

组合 领口按编织花样A'环形编织。在右前育克钩织纽襻，在左前育克缝上纽扣。

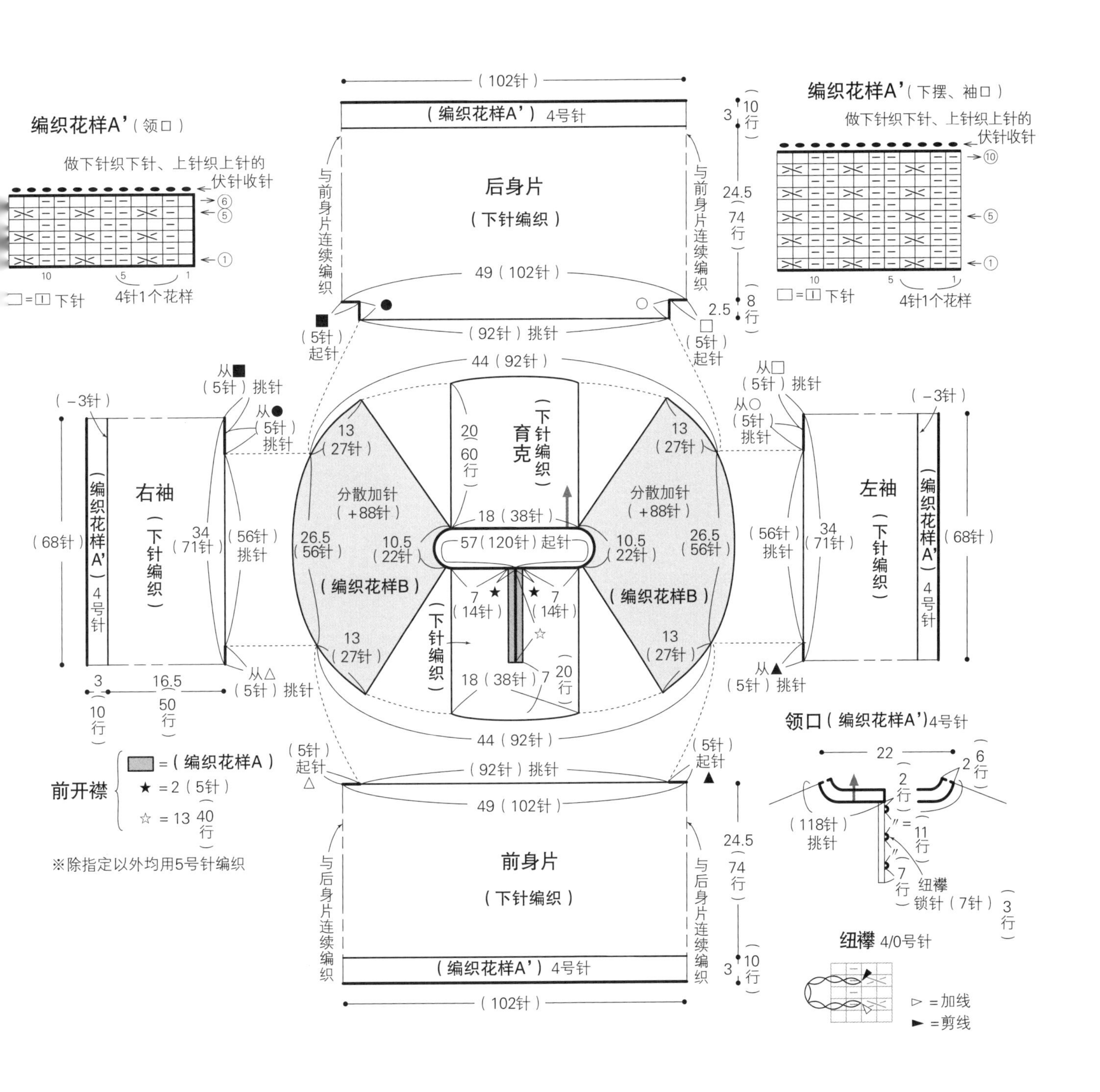

育克的加针

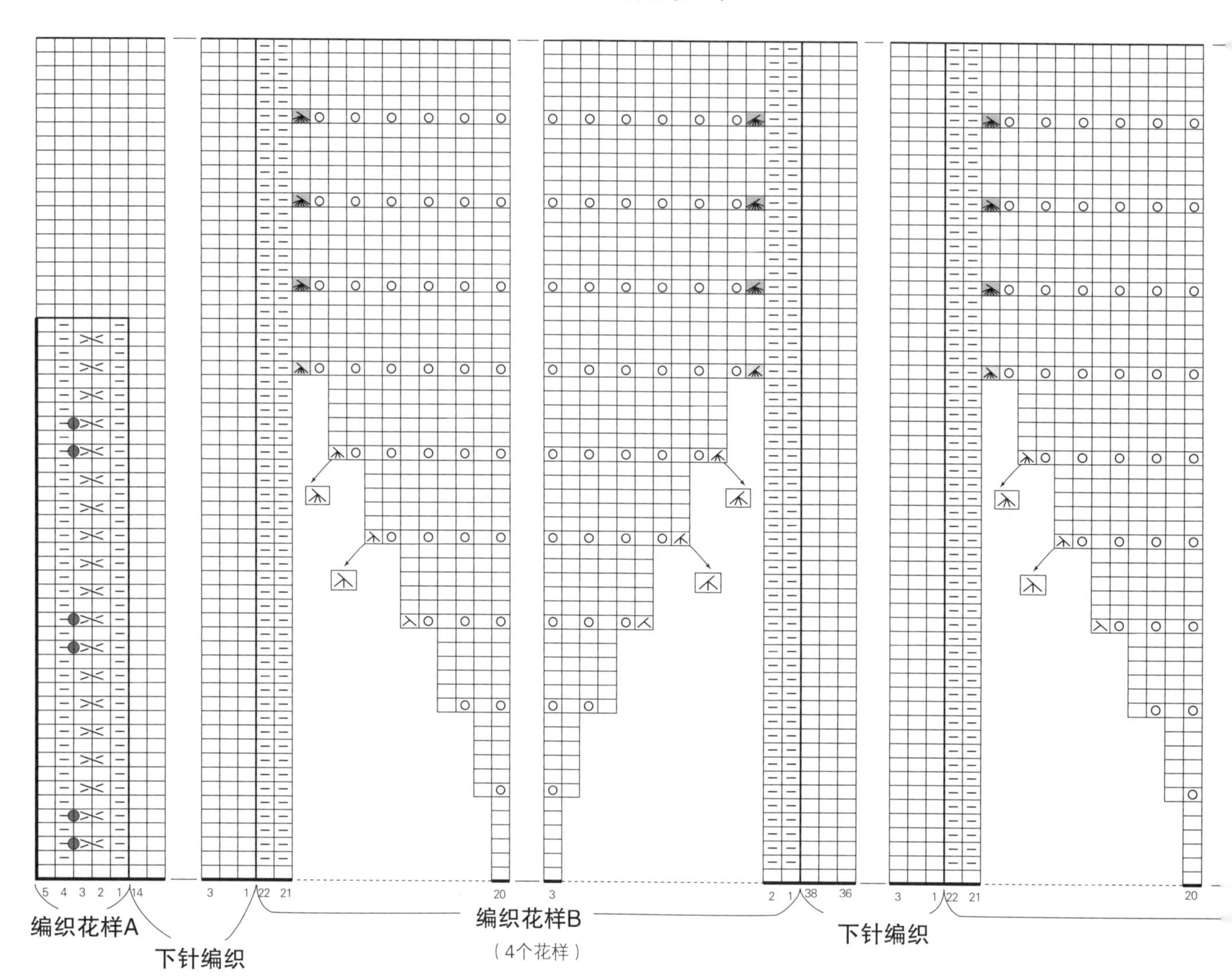

□=⊡ 下针

= 左上7针并1针（第43、49、55行）

= 左上5针并1针（第37行）

= 右上7针并1针（第43、49、55行）

= 右上5针并1针（第37行）

● =钩织纽襻的位置

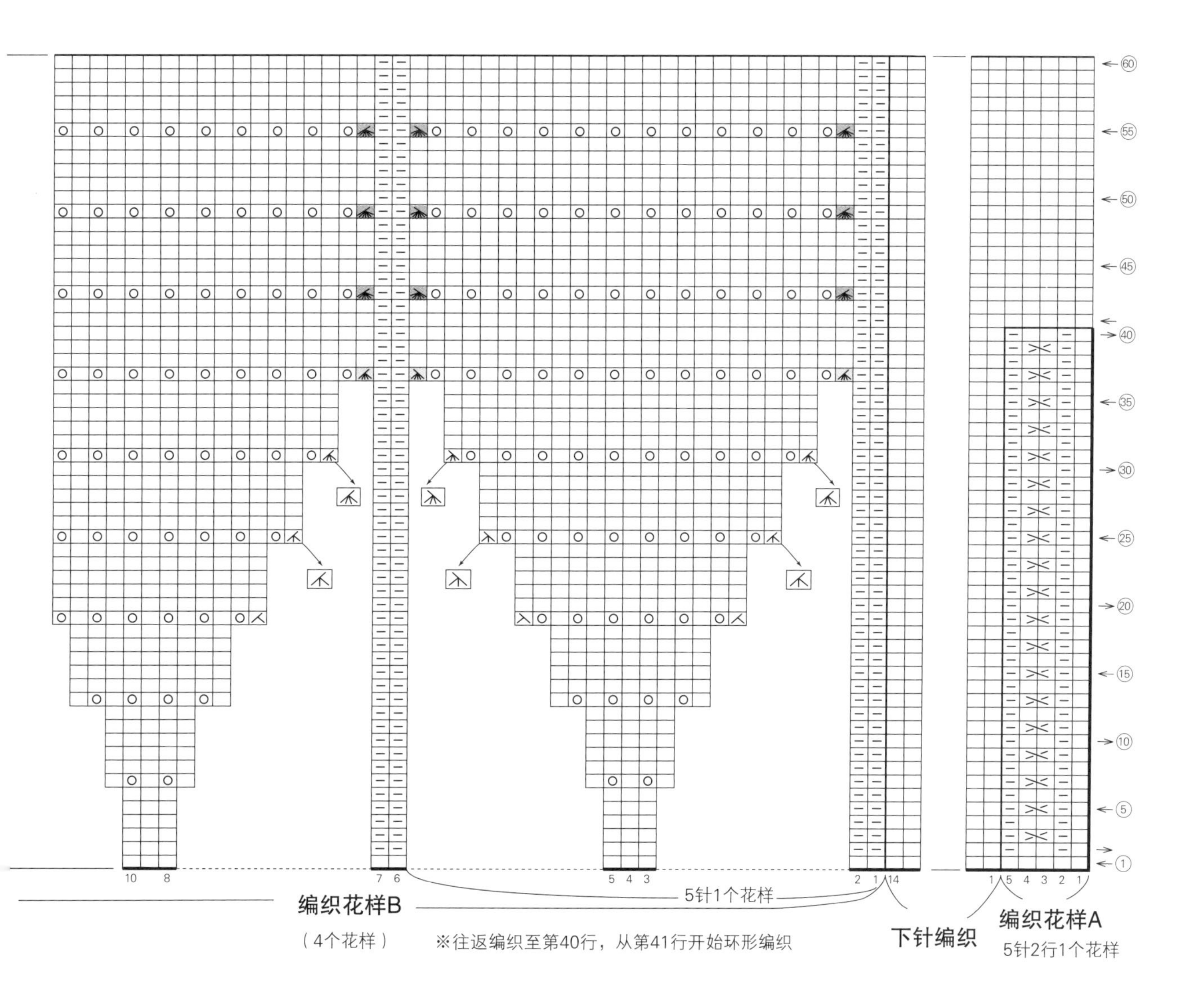

60
55
50
45
40
35
30
25
20
15
10
5
1
10 8
7 6
5 4 3
2 1 14
1 5 4 3 2 1
5针1个花样
编织花样B
（4个花样）
※往返编织至第40行，从第41行开始环形编织
下针编织
编织花样A
5针2行1个花样

S ｜ 25页

●材料

Leafy（粗）a 红色（764）70g/2团、b 原白色（751）40g/1团

●工具

钩针 8/0号、6/0号

●成品尺寸

a 宽 32cm，深 23cm

b 宽 20cm，深 19cm

●编织密度

10cm×10cm面积内：编织花样A 5个花样，11.5行

●编织要点

从包底开始钩织。用线头环形起针，第1行立织1针锁针，重复"1针短针、2针锁针"钩织4个花样。从第2行开始一边加针，一边如图所示钩织。接着侧面按编织花样A无须加、减针钩织，包口按编织花样B钩织。提手钩织虾辫，穿入指定位置，再将绳子末端重叠4cm后绕线固定。

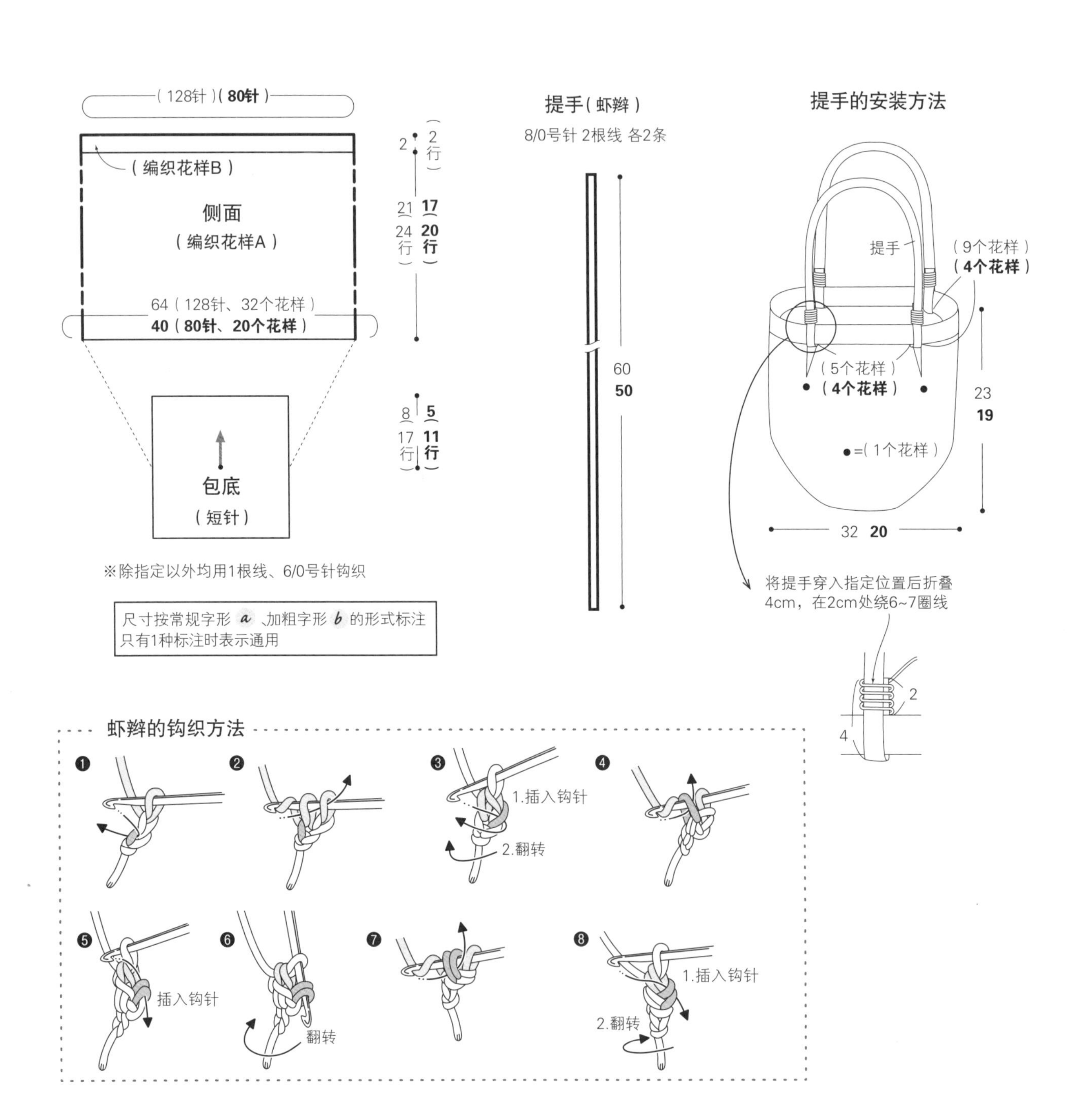

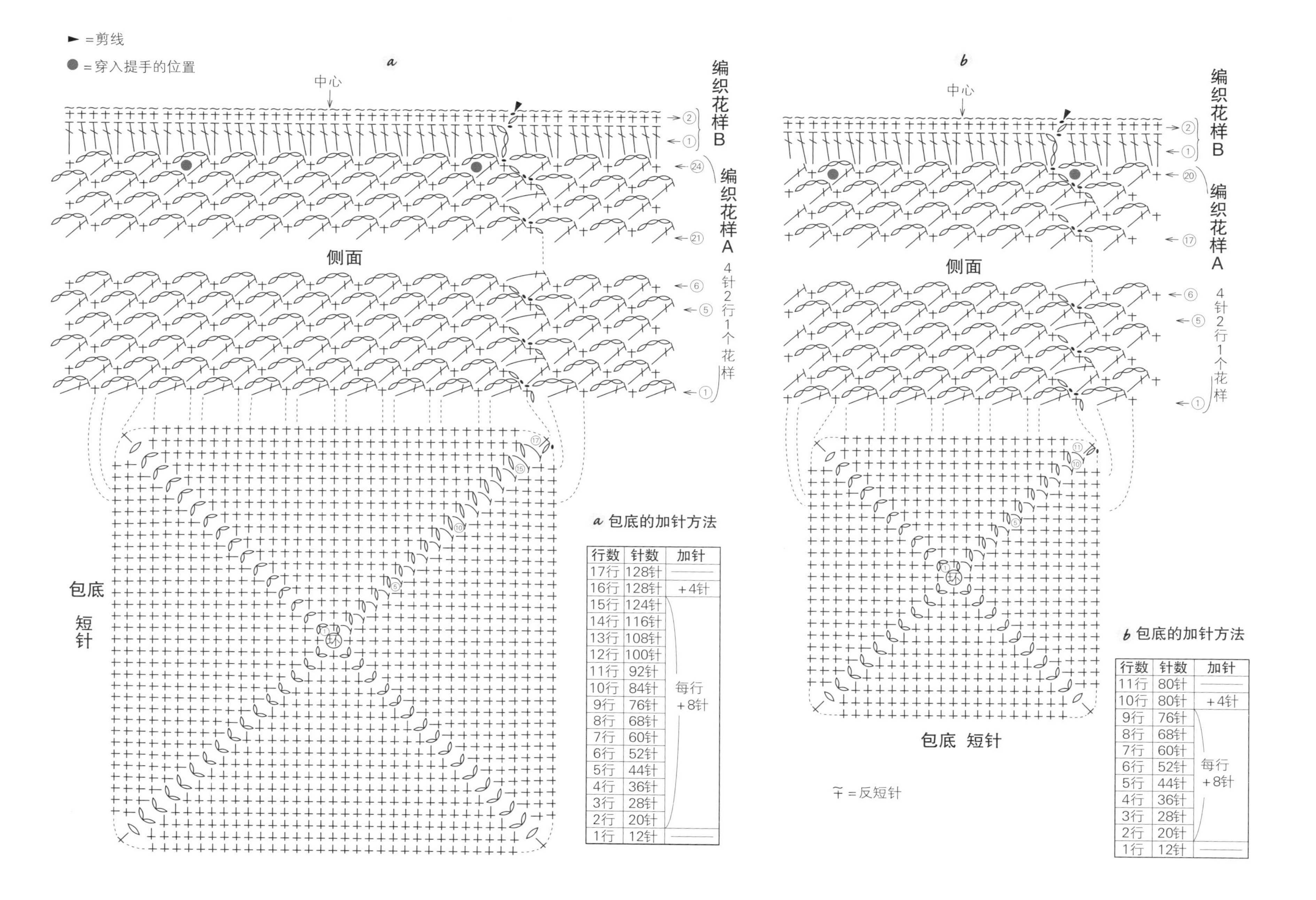

***a* 包底的加针方法**

行数	针数	加针
17行	128针	——
16行	128针	+4针
15行	124针	每行+8针
14行	116针	
13行	108针	
12行	100针	
11行	92针	
10行	84针	
9行	76针	
8行	68针	
7行	60针	
6行	52针	
5行	44针	
4行	36针	
3行	28针	
2行	20针	
1行	12针	——

***b* 包底的加针方法**

行数	针数	加针
11行	80针	——
10行	80针	+4针
9行	76针	每行+8针
8行	68针	
7行	60针	
6行	52针	
5行	44针	
4行	36针	
3行	28针	
2行	20针	
1行	12针	——

干 =反短针

T | 26页

●材料

Foch(粗)粉红色(811)310g/8团

●工具

钩针6/0号

●成品尺寸

胸围94cm，衣长45.5cm，连肩袖长44.5cm

●编织密度

10cm×10cm面积内：编织花样A 22针，13.5行

●编织要点

后身片 共线锁针起针，第1行在锁针的半针和里山挑针,按编织花样A钩织28行。接着在袖下起针，按身片第1行相同要领挑针，继续按编织花样A钩织。

前身片 起针方法和后身片相同，按照相同方法钩织。

组合 肩部、袖下钩织“1针短针、3针锁针”接合。胁部按相同要领钩织短针和锁针缝合。在领口、袖口、下摆按编织花样B环形钩织。

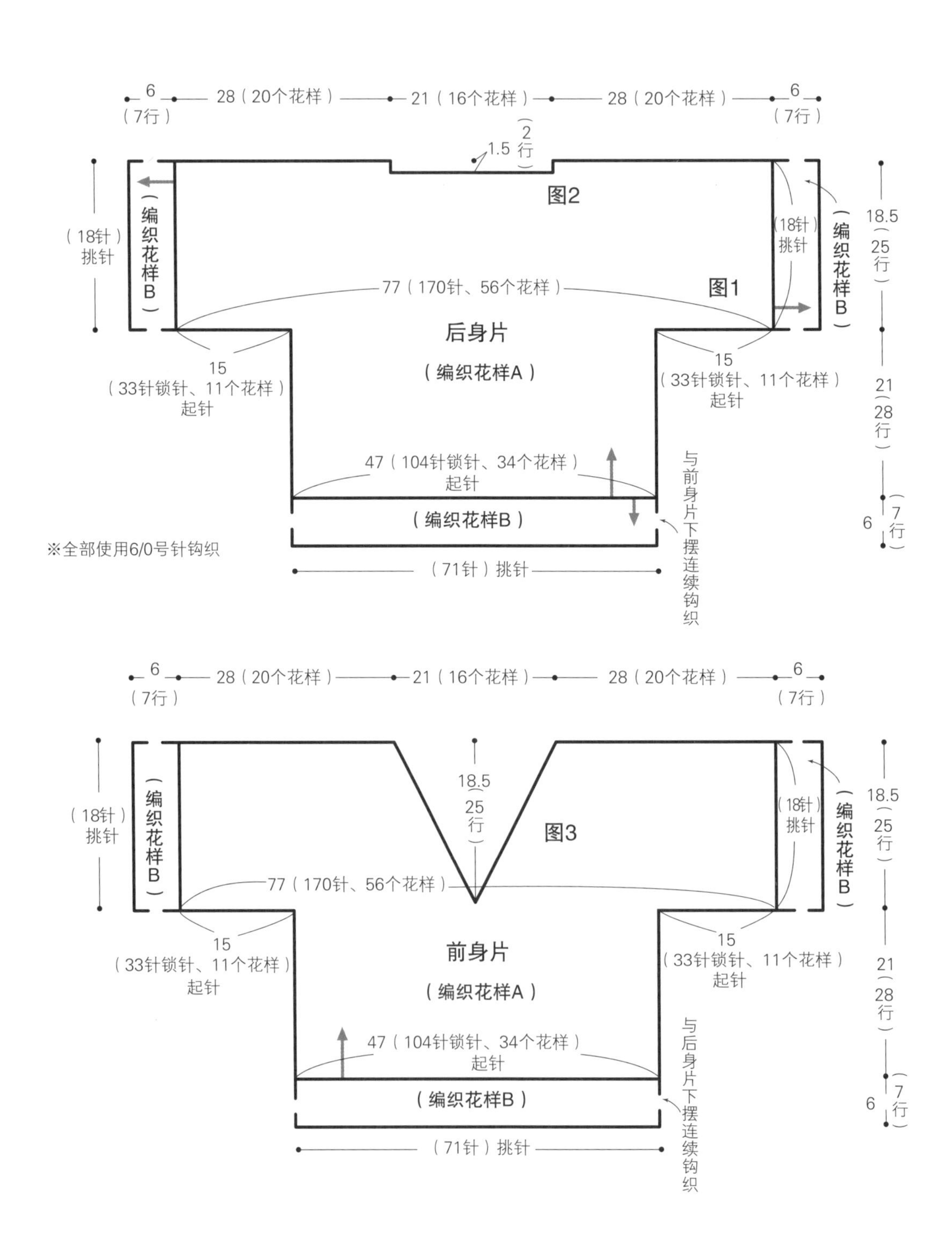

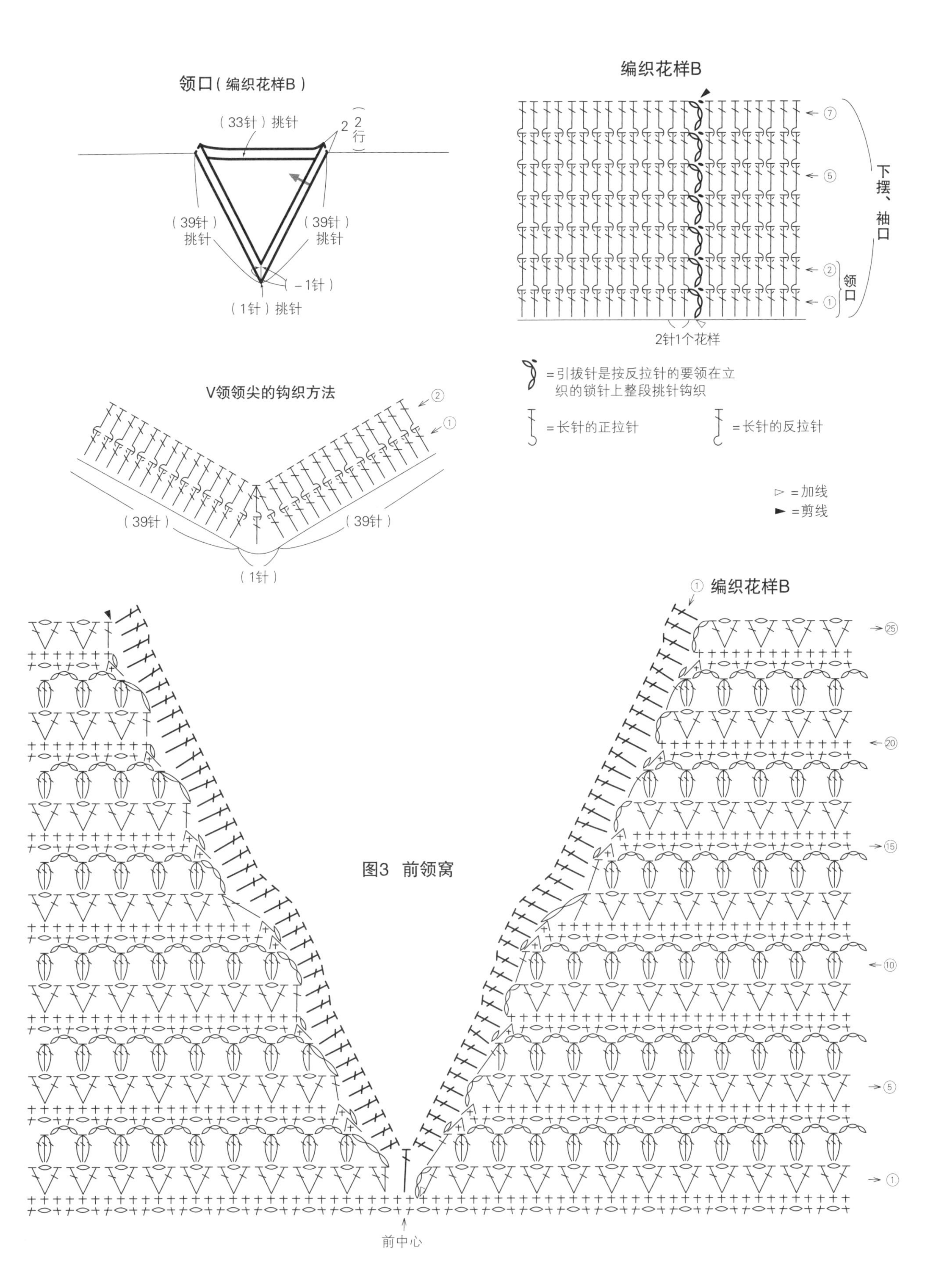

领口（编织花样B）
（33针）挑针
2
2行
（39针）挑针
（39针）挑针
（-1针）
（1针）挑针
编织花样B
下摆、袖口
领口
7
5
2
1
2针1个花样
=引拔针是按反拉针的要领在立织的锁针上整段挑针钩织
=长针的正拉针
=长针的反拉针
V领领尖的钩织方法
2
1
（39针）
（39针）
（1针）
=加线
=剪线
1 编织花样B
25
20
15
10
5
1
图3 前领窝
前中心

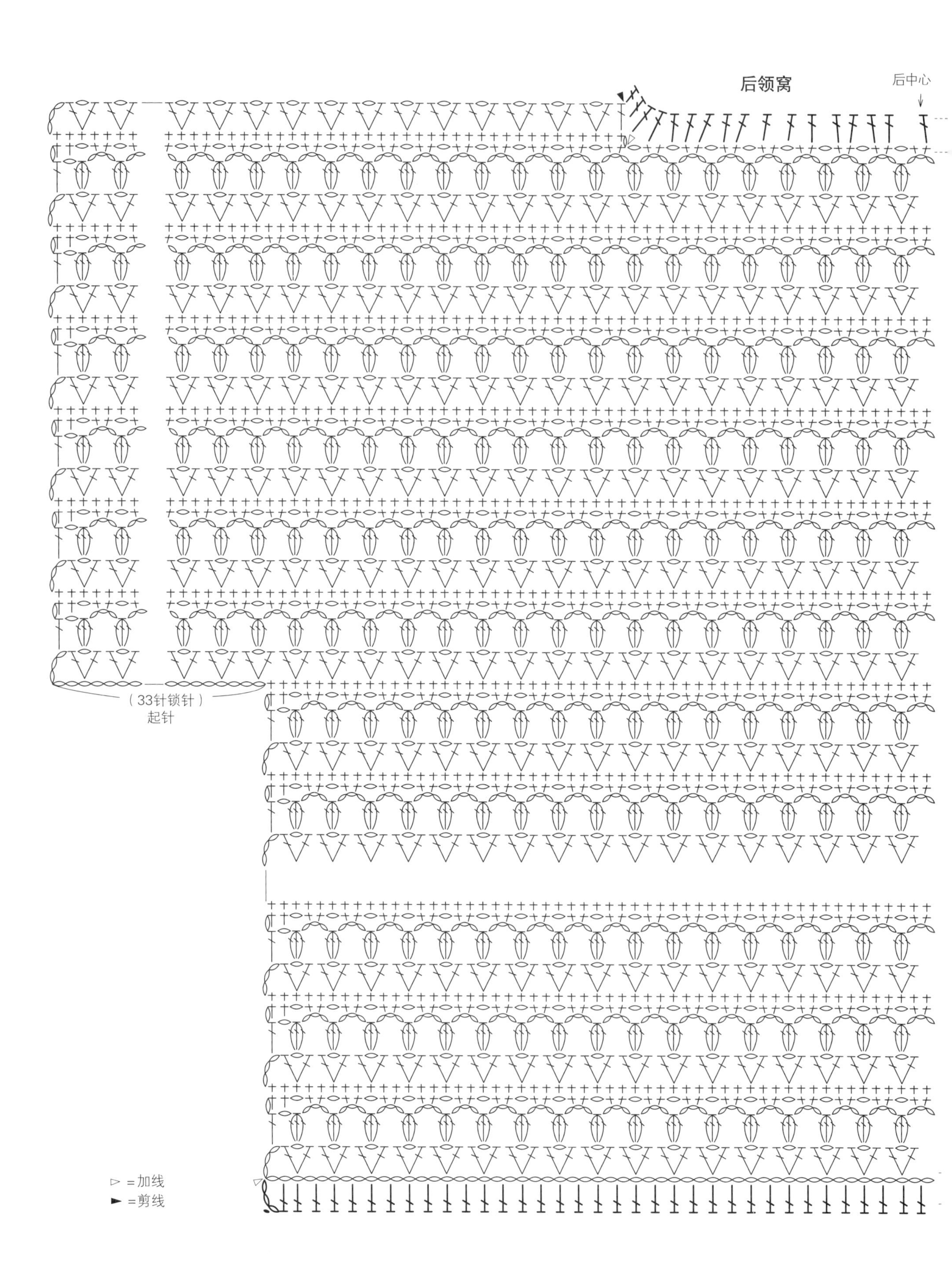
后领窝
后中心
（33针锁针）
起针
▷ =加线
► =剪线

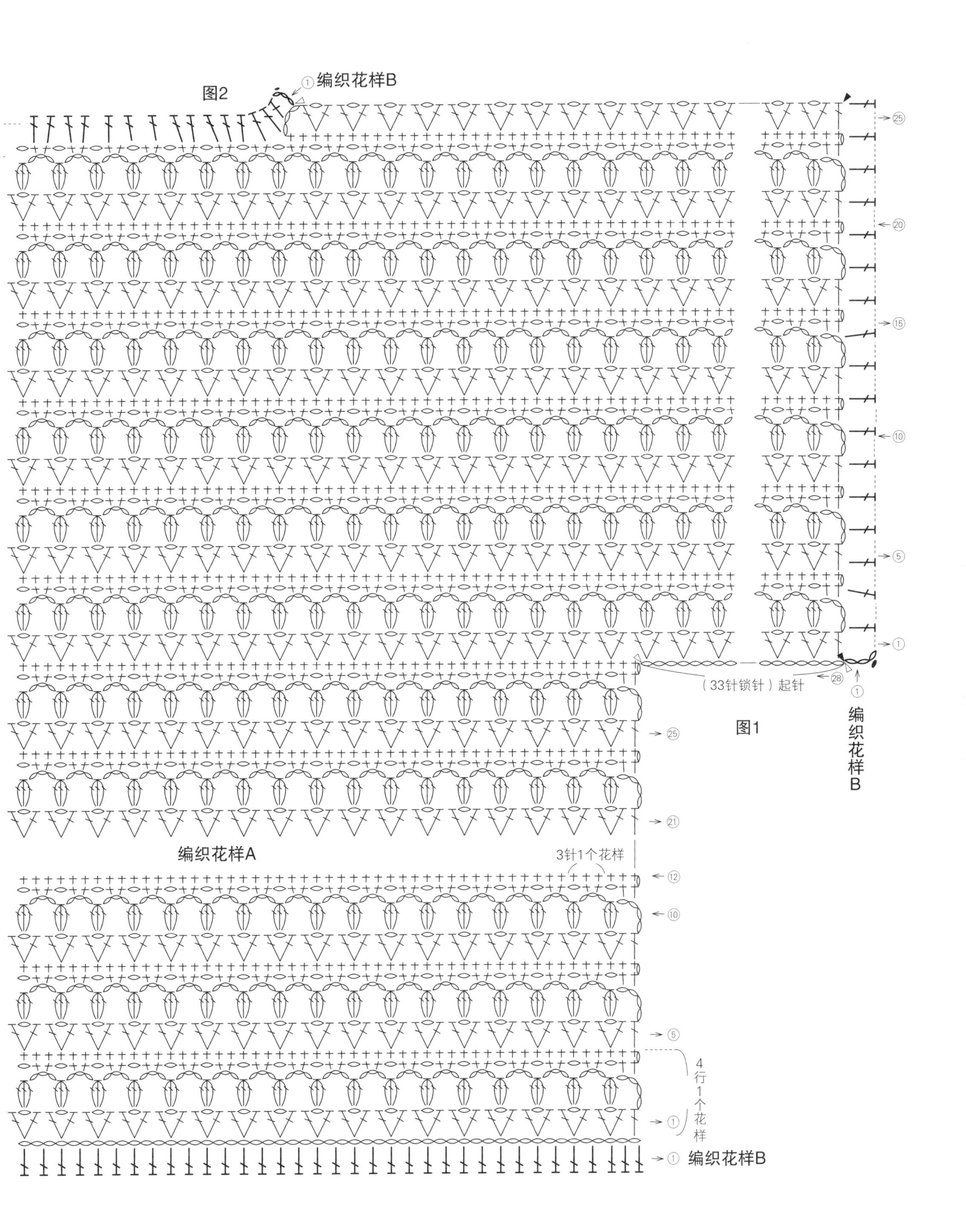

图2
① 编织花样B
25
20
15
10
5
1
(33针锁针)起针
28
①
图1
编织花样B
25
21
编织花样A
3针1个花样
12
10
5
4行1个花样
1
① 编织花样B

U | 27页

●**材料**

SympaDouce（粗）ⓐ 橘色（503）、ⓑ 米色（501）各150g/4团

●**工具**

钩针 5/0号

●**成品尺寸**

宽 32cm，深 27.5cm

●**编织密度**

10cm×10cm面积内：编织花样 13针，4行；短针 16针，20行（包口）

●**编织要点**

用2根线合股钩织。锁针起针，从包底开始按编织花样钩织成圆筒形。编织花样的3卷长针是在前一行的针目与针目之间挑针钩织。接着包口和提手钩织短针。提手在包口的第3行分别钩80针锁针起针，然后继续钩织。在提手的内侧钩织1行短针。包底用1根线做卷针接合。

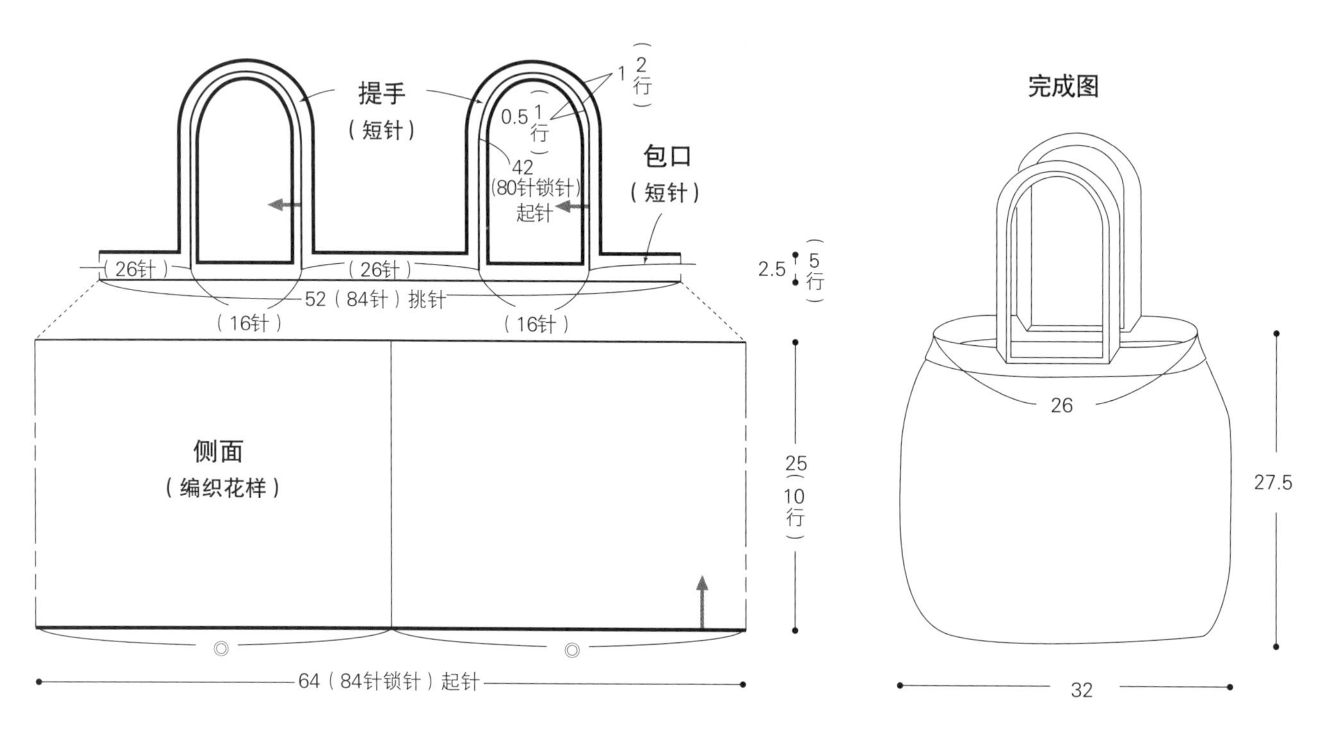

※全部使用5/0号针钩织

※对齐相同标记用1根线做卷针接合

3卷长针

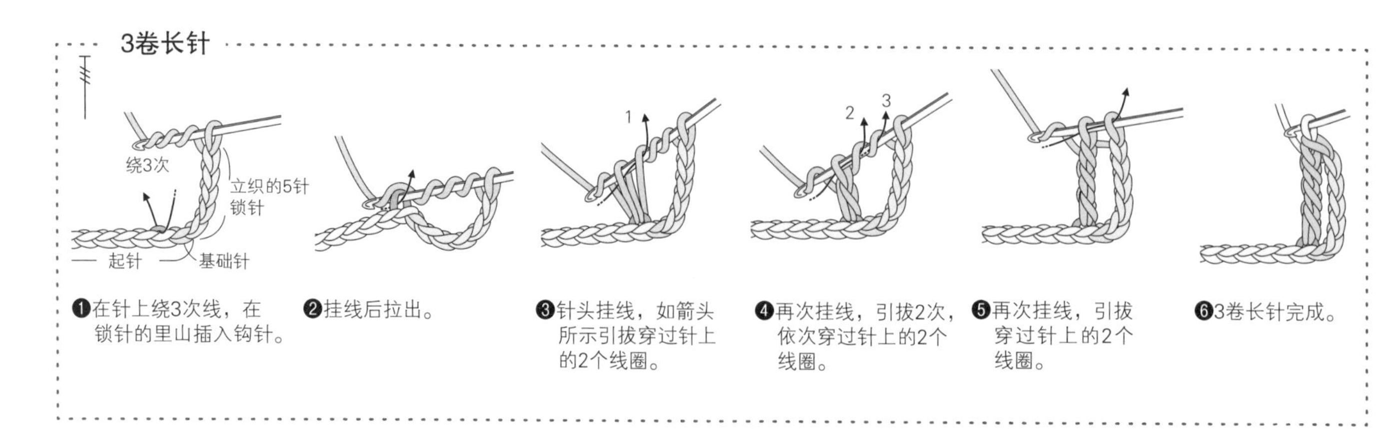

❶在针上绕3次线，在锁针的里山插入钩针。

❷挂线后拉出。

❸针头挂线，如箭头所示引拔穿过针上的2个线圈。

❹再次挂线，引拔2次，依次穿过针上的2个线圈。

❺再次挂线，引拔穿过针上的2个线圈。

❻3卷长针完成。

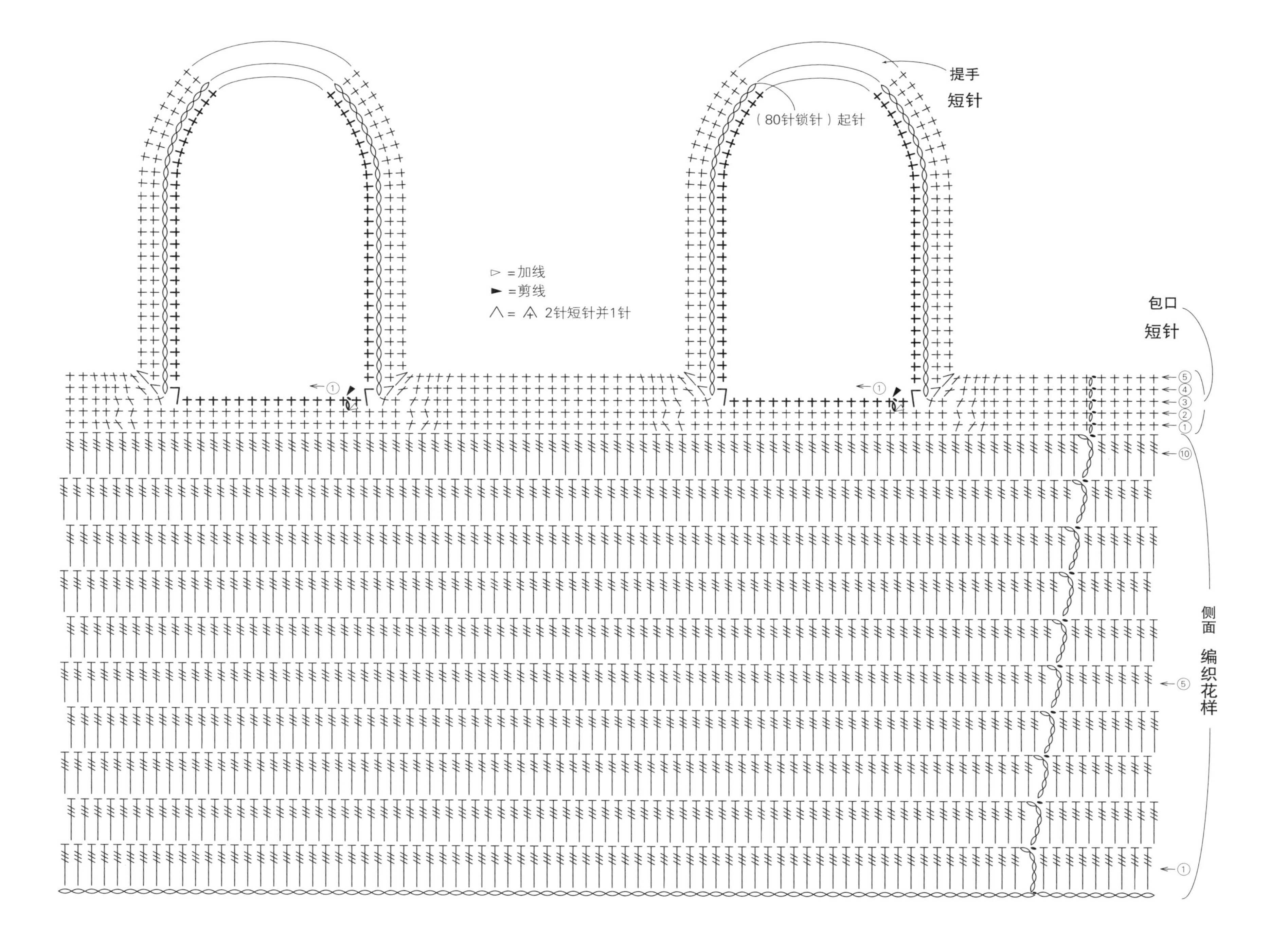

提手
短针
（80针锁针）起针
▷ =加线
▶ =剪线
⋀ = ⋀ 2针短针并1针
包口
短针
侧面 编织花样

V | 28页

●材料

Ricordo(粗)绿色和橘色系多色混染(602)270g/7团

直径1.3cm的纽扣1颗

●工具

棒针5号

●成品尺寸

胸围99cm，肩宽39cm，衣长62cm

●编织密度

10cm×10cm面积内：编织花样23针，35行；下针编织23针，28行

●编织要点

后身片 手指挂线起针，下摆按编织花样编织50行，接着编织下针。肋部立起侧边1针减针，袖窿、领窝做伏针减针和立起侧边1针的减针。肩部做引返编织，编织终点做休针处理。

前身片 起针方法和后身片相同，前端的6针编织起伏针。

组合 肩部将前、后身片正面相对做盖针接合，肋部做挑针缝合。领口、袖窿参照图示挑针后编织起伏针。在右前领口留出扣眼。编织终点从反面做伏针收针。在左前领口缝上纽扣。

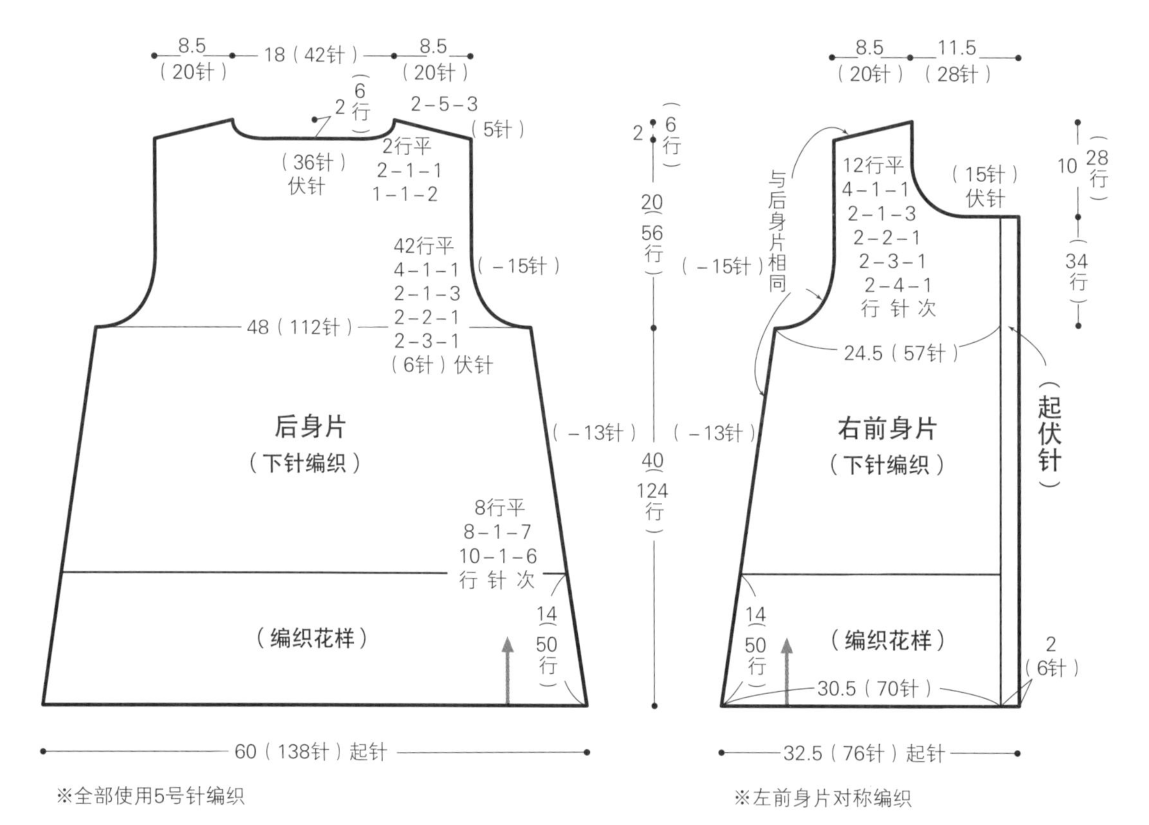

※全部使用5号针编织

※左前身片对称编织

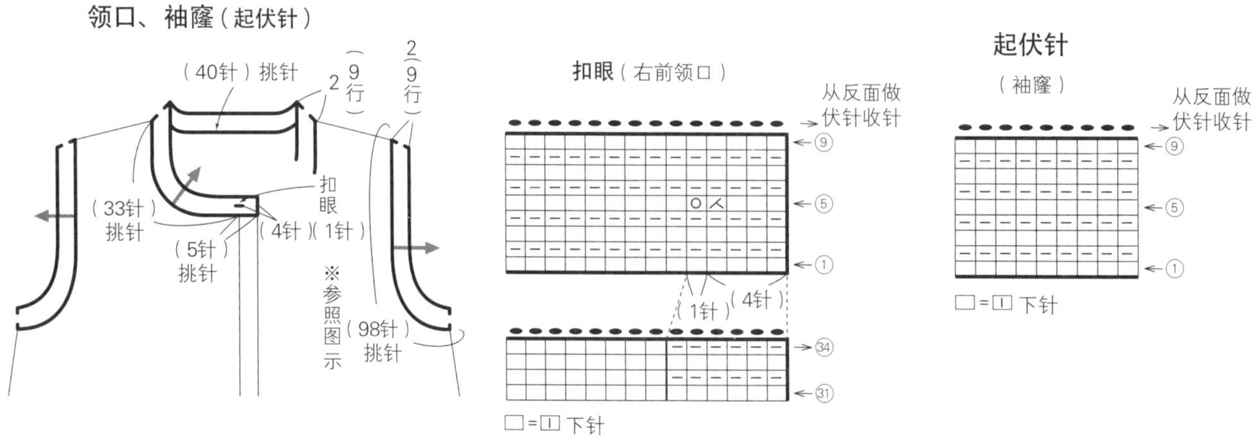

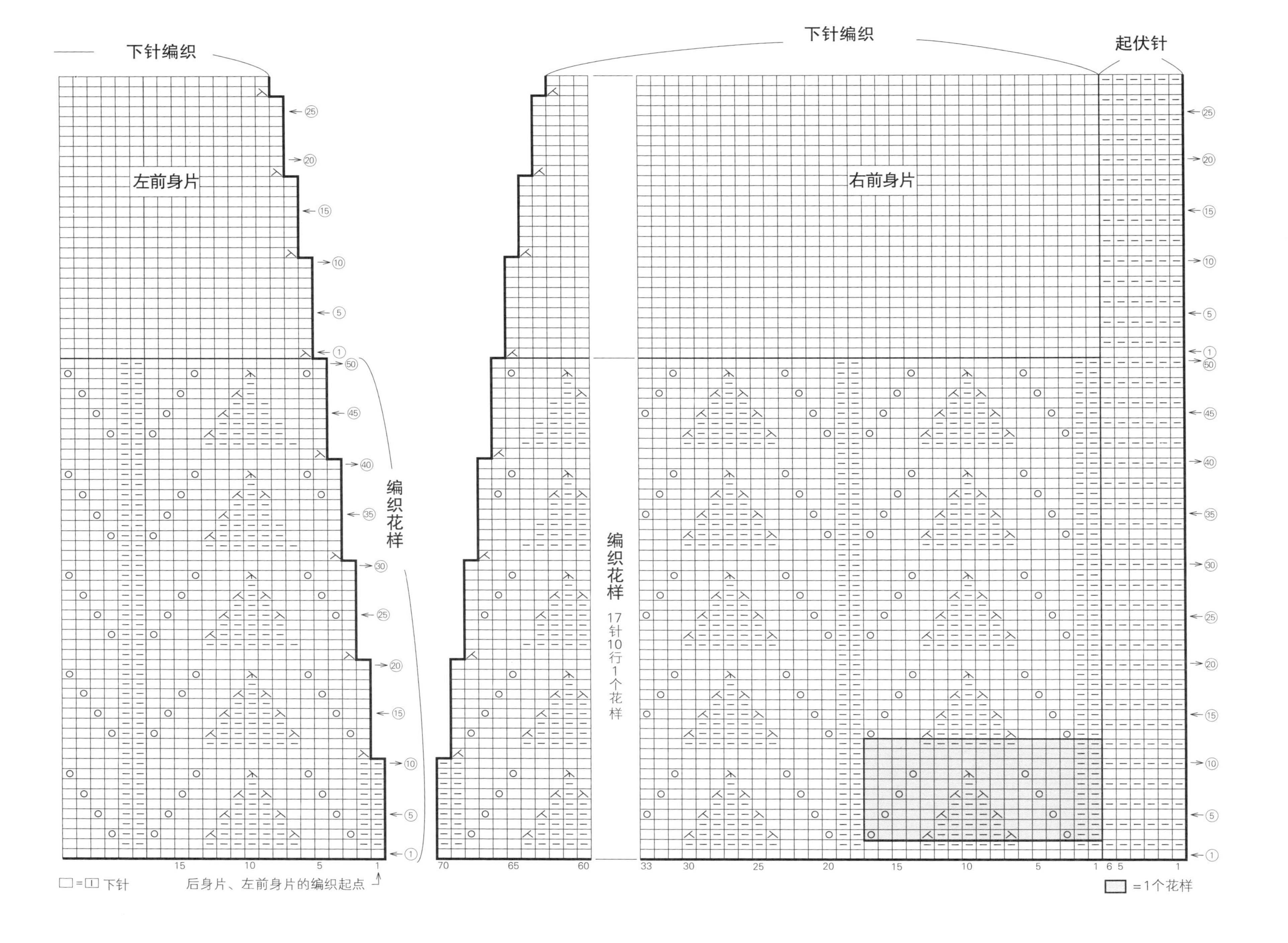
下针编织
左前身片
编织花样
下针编织
起伏针
右前身片
编织花样
17针10行1个花样
□=□ 下针
后身片、左前身片的编织起点
=1个花样

W | 29页

●材料

Nuvola(中粗)棕色(412)90g/2团、芥末黄色(402)35g/1团

Leafy(粗)粉红色、蓝色、绿色和米色系段染(745)60g/2团

●工具

钩针8/0号

●成品尺寸

宽33cm，深24cm，侧边11cm

●编织密度

1片花片A：边长22cm；1片花片B：边长11cm

10cm×10cm面积内：短针(侧边)13.5针，16行

●编织要点

Nuvola用1根线钩织，Leafy用2根线合股钩织。花片A、B用线头环形起针，按指定配色钩织。完成指定片数后如图所示排列花片做半针的卷针缝缝合，制作2片侧面。侧边锁针起针后钩织短针。提手也是锁针起针后钩织3行短针，然后正面朝外对折，将第3行与起针重叠在一起钩织第4行。将侧面与侧边正面朝外对齐，从侧边入针钩织短针接合。包口从侧面和侧边挑针钩织短针。再将提手缝在包口的反面。

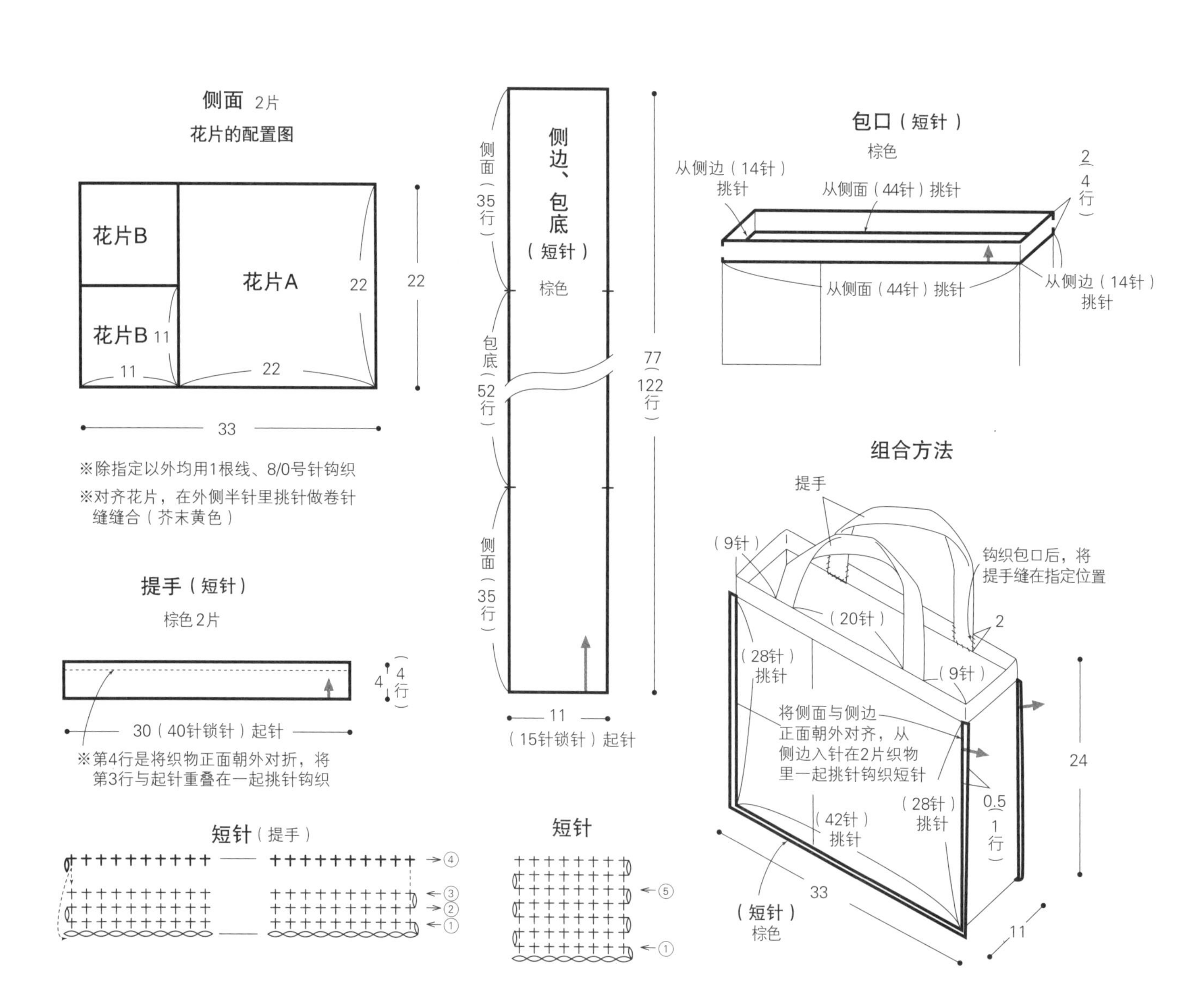

花片A 2片

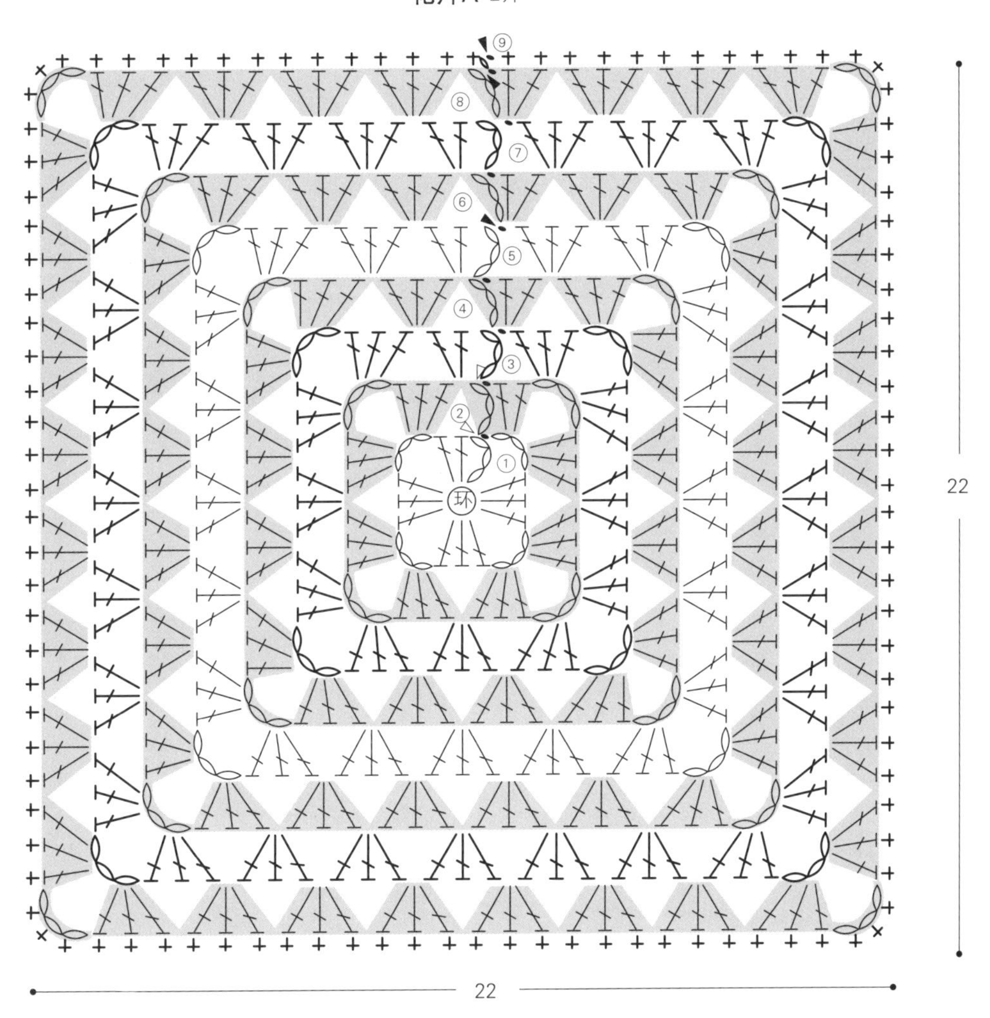
22
22

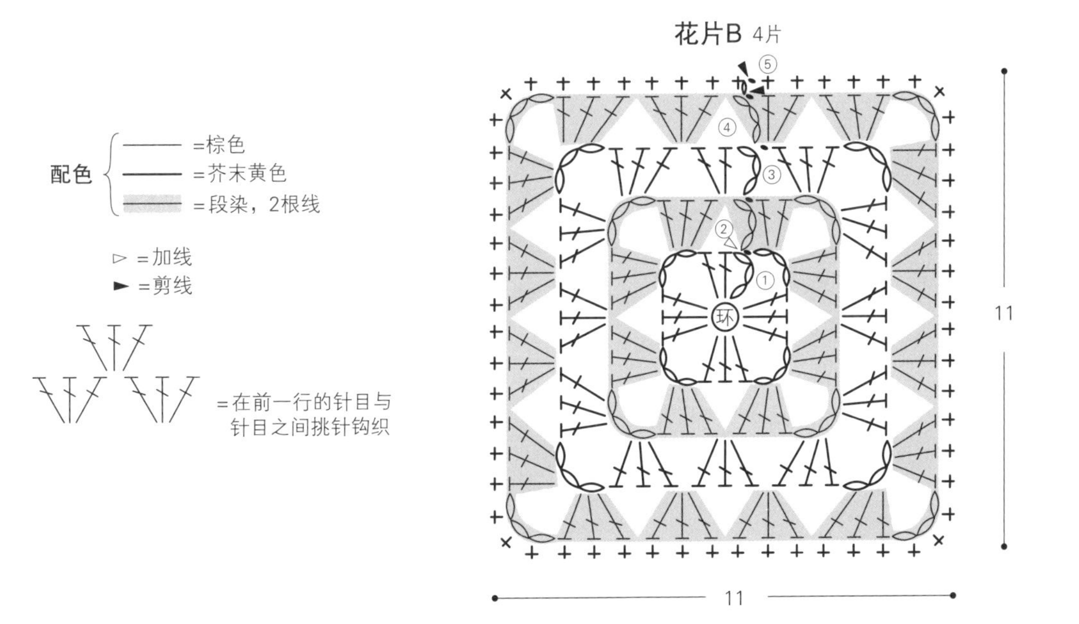
花片B 4片
配色
=棕色
=芥末黄色
=段染，2根线
=加线
=剪线
=在前一行的针目与
针目之间挑针钩织
11
11

X | 31页

●**材料**

Astro(中细)灰褐色系段染(506)180g/8团

●**工具**

棒针5号

●**成品尺寸**

胸围98cm，衣长50cm，连肩袖长30.5cm

●**编织密度**

10cm×10cm面积内：编织花样20.5针，30行

●**编织要点**

后身片 手指挂线起针，从下摆开始按编织花样编织58行，接着做下针编织和编织花样。袖下在边上1针的内侧做扭针加针，领窝做伏针减针和立起侧边1针的减针。肩部做引返编织，编织终点做休针处理。

前身片 起针方法和后身片相同，按照相同方法编织。

组合 肩部将前、后身片正面相对做盖针接合，胁部做挑针缝合。领口、袖口从身片挑针后环形编织双罗纹针。编织终点做下针织下针、上针织上针的伏针收针。

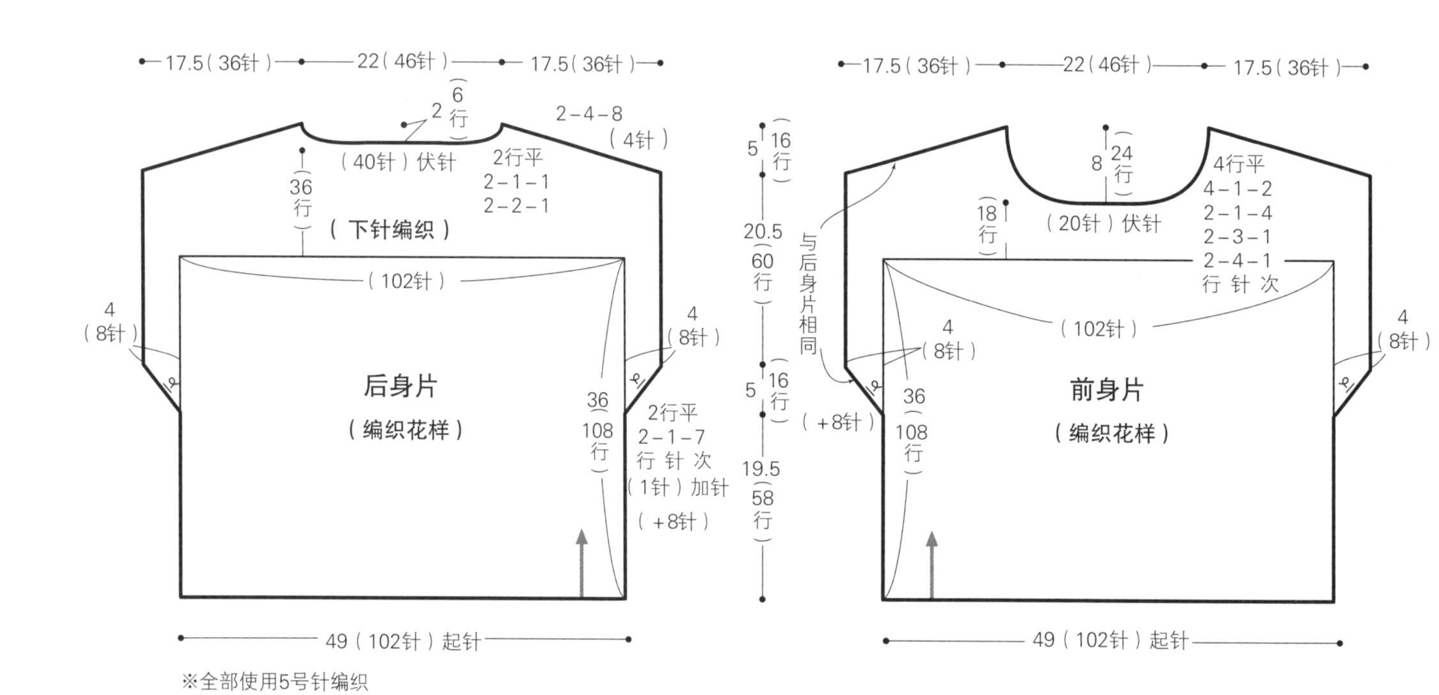

领口、袖口（双罗纹针）

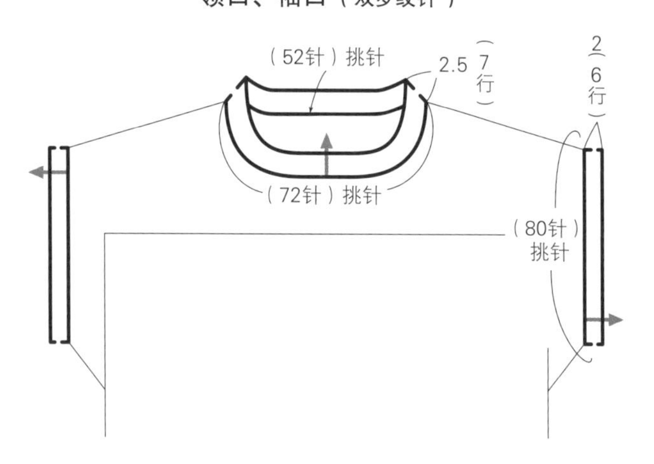

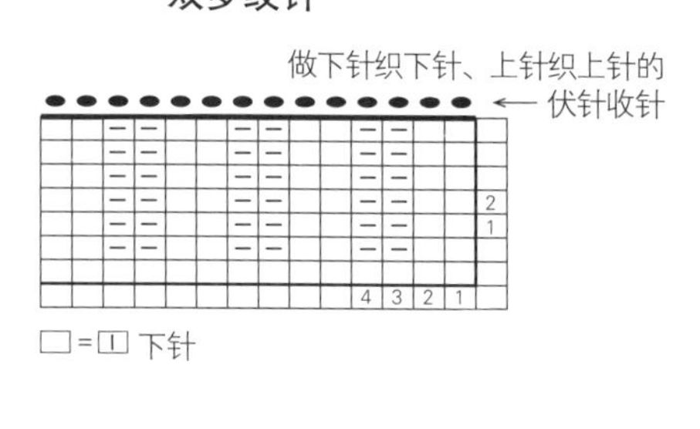

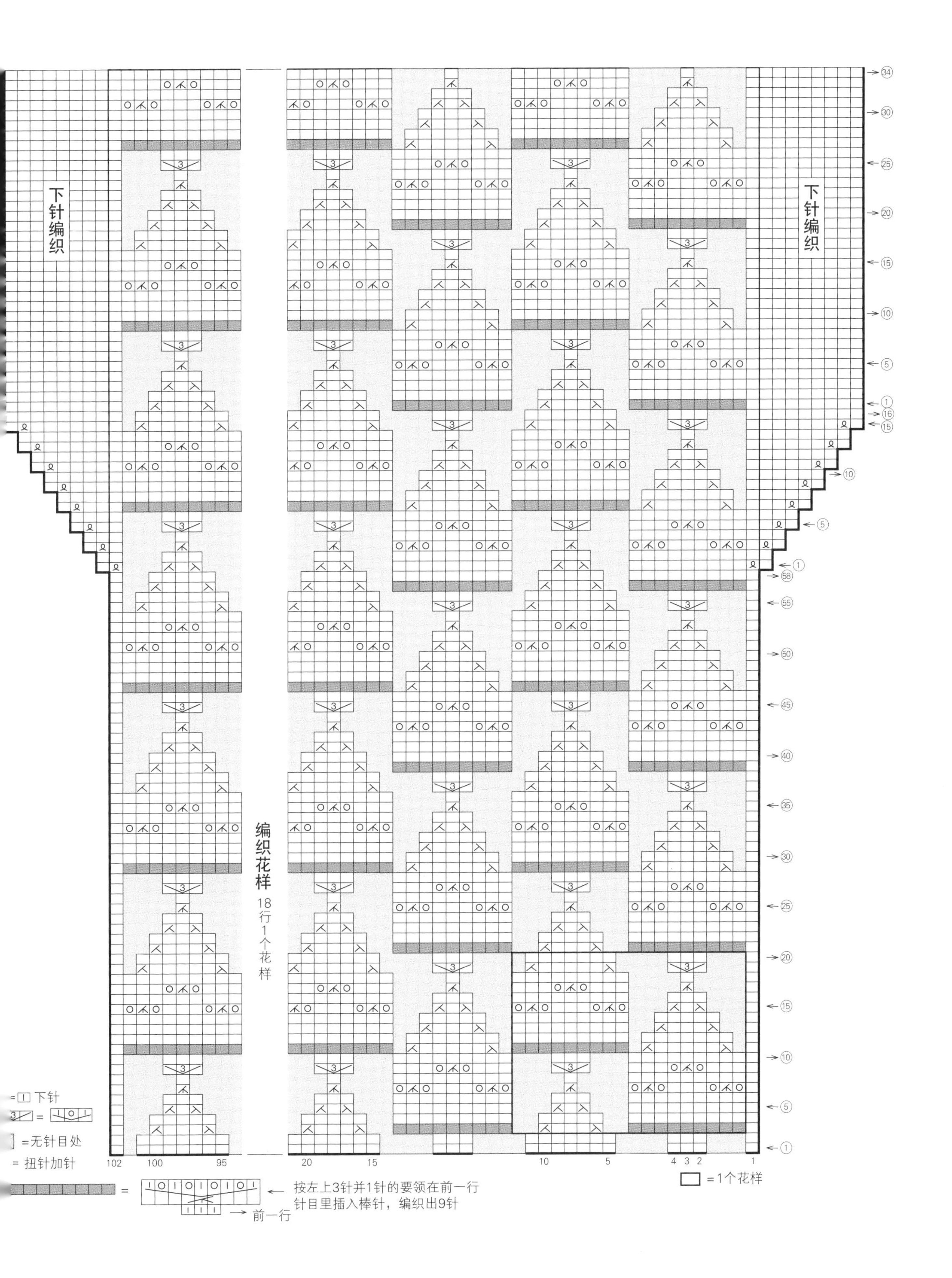

下针编织
下针编织
编织花样
18行1个花样
□ 下针
=无针目处
= 扭针加针
按左上3针并1针的要领在前一行针目里插入棒针，编织出9针
前一行
□=1个花样
102
100
95
20
15
10
5
4
3
2
1

Europe no teami 2023 harunatsu（NV80741）

Photographer: Hironori Handa
Original Japanese edition published in Japan by NIHON VOGUE Corp.
Simplified Chinese translation rights arranged with Beijing Vogue Dacheng Craft Co., Ltd.

备案号：豫著许可备字-2023-A-0059

图书在版编目（CIP）数据

欧洲编织. 21，精心搭配的编织 / 日本宝库社编著；蒋幼幼译. —郑州：河南科学技术出版社，2023.10
ISBN 978-7-5725-1306-0

Ⅰ. ①欧… Ⅱ. ①日… ②蒋… Ⅲ. ①手工编织-图解 Ⅳ. ①TS935.5-64

中国国家版本馆CIP数据核字（2023）第167129号

出版发行：河南科学技术出版社
地址：郑州市郑东新区祥盛街27号　邮编：450016
电话：（0371）65737028　65788613
网址：www.hnstp.cn
策划编辑：仝广娜
责任编辑：刘淑文
责任校对：王晓红
封面设计：张　伟
责任印制：张艳芳
印　　刷：北京盛通印刷股份有限公司
经　　销：全国新华书店
开　　本：889 mm × 1 194 mm　1/16　印张：6　字数：180 千字
版　　次：2023年10月第1版　2023年10月第1次印刷
定　　价：49.00元